自然觀察圖鑑 1

蜘蛛

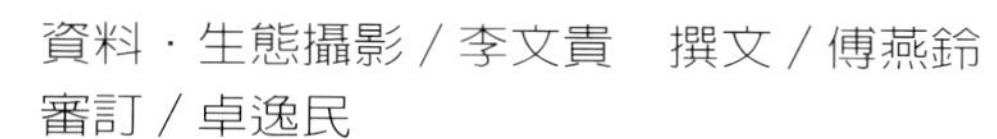
資料・生態攝影／李文貴　撰文／傅燕鈴
審訂／卓逸民

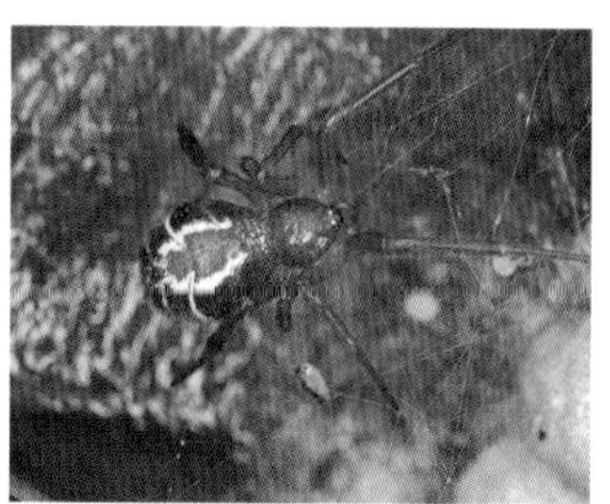

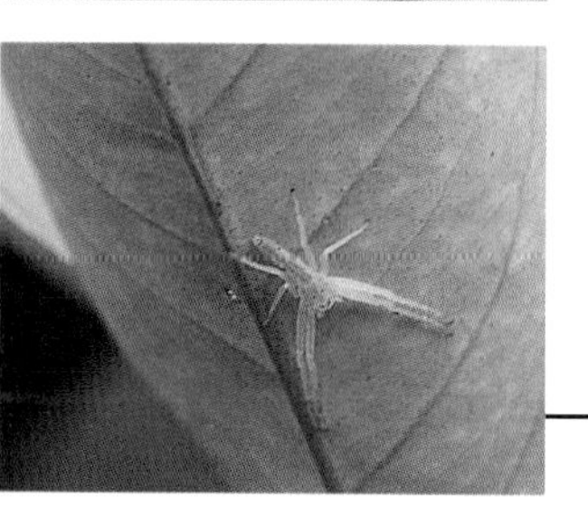

序(一)

《東海大學生物系助理教授　卓逸民》

我認識李文貴，大家口中的〝阿貴〞，已經有四年了。第一次遇見他，是在1998年在自然與生態攝影學會的一場演講。號稱〝蜘蛛博士〞的我，其實沒有多少野外經驗。在那場演講中，自己憑藉著從書本上讀來的資料，加上極有限野外所攝得之幻燈片，對著臺下的聽眾介紹臺灣的蜘蛛多樣性。那時我要是認識阿貴，也知道他就坐在下面，我絕不會答應接這個演講。會後，只見一位皮膚黝黑臉上帶著微笑，卻又有些許靦腆的男士進前來自我介紹，從此認識這位〝愛蜘成癡〞的阿貴。在更多的接觸之後我才發現阿貴所累積的野外經驗、資料及幻燈片有多麼豐富。以我當時所蒐集的內容，跟阿貴十幾年來在臺灣各地所累積之蜘蛛資料比起來，根本是小巫見大巫。但令人覺得可貴的是，他卻絲毫不賣弄那豐富的經驗，反倒虛心的向我這位剛出道的所謂〝專家學者〞請益。事後想起來，還真有點像一個成功養育了10個孩子的父親向沒當過父母的年輕小夥子請教育兒之道！

這本書是阿貴累積了十幾年的資料及幻燈片的結晶。由於他的執著及付出，本書蒐集了許多難得一見種類之資料及相片。除了種類的廣度夠，對於每一個種類的生態習性相關介紹也有適當的深度。除了豐富的臺灣蜘蛛多樣性，此書對於蜘蛛生物學之介紹更是阿貴〝功力〞最佳之寫照。大多數的人僅止於在野外捕捉蜘蛛的〝倩影〞，但阿貴除此之外更投注了大量的精力調查牠們的自然史。阿貴以驚人的耐力和毅力用鏡頭紀錄下一張張珍貴的蜘蛛成長、捕食、交配、產卵、育幼等圖像；以本土的種類為例子，詳盡的介紹蜘蛛的生物學。這些由阿貴十幾年的心血所結晶而成的內容比起國外的蜘蛛書籍非但毫不遜色，更是有過之而無不及。

這本書的出版是令人興奮的，也讓人看見了臺灣生態保育的未來。阿貴並沒有耀眼的學術頭銜，但他所成就的卻令學者汗顏。阿貴只是憑藉著對蜘蛛的一片熱愛，在十幾年前資訊相當缺乏的情況下開始忠實的一點一滴累積各種蜘蛛的圖像與生態資料，終於能獨立完成這麼一本具國際水準的書。這說明了生態保育的工作不是學者的專利，也不是非躋身學術界的專家才辦得到的。憑著對大自然的熱愛與執著，每個人都能夠〝make a difference〞。盼望有更多的〝阿貴〞起來為臺灣的生態保育貢獻心力。

序（二）

《親親文化總經理　歐陽林斌》

親親文化自1989年起結合了國內生態攝影師、作畫家等，精心為孩子創作本土的「親親自然」月刊，迄今已出版了一百二十幾本，開啓了國內生態攝影家以真實動人的攝影作品，為孩子創作自然圖畫書的風氣，而一張張精彩的攝影作品，深深的吸引著孩子進入大自然的懷抱，讓孩子的童年能在大自然中成長，並享受在大自然中活動的快樂，同時也讓「親親自然」月刊成為幼教出版市場中深受歡迎的圖書與教材。

每一張精彩生動的照片裡，有生態攝影家對大自然真、善、美的感受與發現外，更是每一位生態攝影家用心透過相機的詮釋，表達了對這片土地的情感。在多年與生態攝影朋友的接觸中，對於他們在創作過程中的執著與付出，真是由衷的敬佩，同時更幸運的了解他們所研究或創作的領域及主題。

親親文化長期在自然教育的活動中，經由與教師及家長們的接觸，有感於自然觀察圖鑑的需求，同時也希望能夠將生態攝影家精彩的研究與創作，作更深刻的介紹與發表，以饗讀者共享大自然的快樂與智慧。所以特別規畫了「自然觀察圖鑑」系列，一方面能讓更多的生態攝影家的研究與作品發表成書，一方面也讓更多的朋友可以藉由觀察圖鑑的導引，一起走入大自然和大自然做朋友。

「蜘蛛」觀察圖鑑為該系列的第一本創作，是國內知名生態攝影師李文貴先生，二十多年來投身生態攝影中，與「親親自然」合作出版了一系列的昆蟲圖畫書，如螳螂、蜻蜓、椿象、蝗蟲、螞蟻、蟑螂等作品後，另一精彩的著作，蜘蛛圖鑑中有其長期觀察拍攝的各種蜘蛛生態，照片張張精采動人外，同時也一一仔細求證其名稱與分類，務求其正確與完美，最後為讀者選出一百多種常見的種類，為蜘蛛的生態傳達真實、奧妙、有趣的一面，並開啓一般大眾對蜘蛛生態了解的大門。

在此為李文貴先生長期投入生態攝影的精神，以及創作無數令人激賞的作品，致上誠摯的敬意，並希望本書廣受讀者的好評與喜愛。

歐陽林斌

前言

生長在竹東鄉下的我，由於是佃農子弟，自懂事以來，就跟著大人上山採茶、挑水，在稻田裡除草、割稻，有做不完的農事。看到鄰居玩伴在田野間，做土窯烤番薯、捉蜻蜓、追蝴蝶、做彈弓打小鳥；在溪裡摸蛤仔、捉蝦、打水仗真是羨慕又嫉妒。其實我也常在捉蟲，但那不是遊戲，而是件無奈的工作，把危害農作物的彩蝶和蛾的幼蟲，以及椿象、金花蟲、瓢蟲、蝗蟲等害蟲清除。記得有一年，應該是紋白蝶大繁殖吧！整個菜園都是青蟲（紋白蝶幼蟲），堂兄弟們索性來個捉蟲比賽，最後大人還給我們論斤獎賞。

昆蟲雖然接觸得很早，但只停留在青蟲、臭蟲、雞母蟲等籠統簡單的名稱上，未曾去觀察牠們、了解牠們，直到接觸攝影，才真正認識牠們。在1979年時，因為參加國際沙龍自然組比賽，得以接觸到國外進口的攝影刊物和生物圖鑑，其中有些介紹臺灣昆蟲的書籍，作者及出版皆是外國人，翻閱後對他們書籍的印刷精美、圖文並茂真是驚嘆，也感慨萬千：既然是本土的昆蟲，理應由國人自己紀錄出版才是。因此我開始到書店找尋臺灣出版有關昆蟲的書籍，令我訝異的是，坊間所出版有關昆蟲生態的書，其中影像部分，幾乎全都出自外國人。原本接觸昆蟲書刊，是想在參與自然組比賽中能得到好成果，但這一發現，卻將此心態完全改觀，使原來從事藝術沙龍的我，從此投向昆蟲生態攝影的不歸路。

專注於昆蟲生態攝影，已經有二十幾年的我，雖然了解，這一條漫長而且回饋遲緩的路，會走得很辛苦，但我憑著對昆蟲的執著與信念，在七千多個日子裡，孤獨的追尋浩瀚的昆蟲世界。皇天不負有心人，終於在1995年開始和親親文化公司合作出版生態書籍，從螳螂、蜻蜓、蜘蛛、蟑螂、椿象、螞蟻、蝗蟲到預定六月出版的蟬，至今已是第八冊了。對於自己能以非專業學者出身的身分（臺北工專機械科畢業，從事汽車修護工作）出版這些生態書籍，覺得真是上天的厚愛。

從接觸生態攝影起，二十幾年來蜘蛛的題材，一直是我的最愛。剛開始拍攝蜘蛛時，真的很茫然，想了解牠卻不知該從何下手，坊間又找不到蜘蛛的書，到圖書館查閱蜘蛛書籍論文報告，也毫

《攝影師　李文貴》

無頭緒。只好拜託認識的進口書商，到國外訂購蜘蛛叢書，才得以確立方向，漸序的幫蜘蛛寫影像日記。蜘蛛可觀察、拍攝的題材豐富多樣、舉凡捕食、造網、居住環境、都因種類不同而異，尤其巧奪天工織出來的網，更是美不勝收；而織網的過程更是精采。記得去年底，有幸觀察紀錄到人面蜘蛛產卵的整個過程，從早上8:35開始挖土，那細細的八隻步腳要在不算鬆軟的土上，挖出一個比牠體長還深的洞，足足花了6小時，再利用3小時做卵座，產卵時已經18：45，產卵完，吐絲把卵包成卵囊，最後再把挖出的土用細腳慢慢堆成小土堆時已經24：20。這麼多年來幫蜘蛛拍了那麼多的影像日記，期間亦捕捉到不少佳作，在國際影展中拔金戴銀。

蜘蛛種類繁多，全世界已命名的有三千八百多種，臺灣目前有紀錄的超過三百種，但一般真正認識的蜘蛛，又有幾種？我想叫得出名字的，應該就是旯犽（ㄌㄚˊㄧㄚˊ）、蠅虎、人面蜘蛛、狼蛛這幾種吧！在人們的印象中蜘蛛是一種不吉利、令人討厭又會洒尿引起嘴角潰爛的動物，雖然大部分蜘蛛有毒，但那毒對人體而言是無害的。其實，蜘蛛對人類而言是一種益蟲，牠會幫人們吃掉家裡的蟑螂、蚊子，捕食危害農作物的昆蟲。

為了替蜘蛛澄清，改變一般人對牠的概念，並介紹蛛網的美。特地將二十幾年來，觀察紀錄的心得，集結成冊，和讀者分享，作為認識蜘蛛的入門書。進而去親近牠、保護牠，因篇幅有限，僅能在現有兩百多種蜘蛛之中，介紹103種蜘蛛各科的代表。

這本書能與大家見面，首先要感謝歐陽林斌先生，多年來對於本土生態攝影師的支持與肯定。也要感謝卓逸民老師，在參考書籍及鑑定上給予協助指導。編輯期間，承蒙傅燕鈴小姐協助撰文，及親親編輯群孫總編、淑華、美玲、嘉玲的協助，在不斷鞭策下，這本蜘蛛圖鑑方能完整呈現，感謝之餘，也十分樂意與他們分享收穫的喜悅。最後，要將此成果獻給我的妻子，沒有她長年的包容（滿屋子的蜘蛛網）支持與協助，就沒有現在的成績。

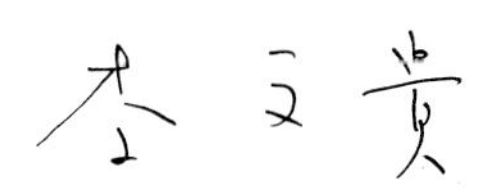

目錄

序（一）……2
序（二）……3
前言……4
蜘蛛不是昆蟲……8
蜘蛛各部位介紹……10
求偶和交配……16
生長過程……20
蜘蛛的生活習慣……22
臺灣產蜘蛛目之科別……26

屋內蜘蛛

室內幽靈蛛……34
廣六眼幽靈蛛……35
擬幽靈蛛……36
壺腹蛛……38
縮網蛛……40
臺灣埃蛛……42
黑條花皮蛛……44
黃昏花皮蛛……46
大姬蛛……48
白額高腳蛛……50
臺灣擬扁蛛……52
安德遜蠅虎……54
褐條斑蠅虎……56
白鬚扁蠅虎……58

屋外庭園校園蜘蛛

簷下姬鬼蛛……62
大腹鬼蛛……64
變異渦蛛……66
乳頭棘蛛……68
古氏棘蛛……70
泉字雲斑蛛……72
緣草蛛……74
小草蛛……76

草原蜘蛛

黃姬鬼蛛……80
寬腹姬鬼蛛……82
眼點金蛛……84
長圓金蛛……86
長銀塵蛛……88
黑色金姬蛛……90
日本姬蛛……92
白緣蓋皿蛛……94
長疣馬蛛……96
橫疣蛛……98

草原步道蜘蛛

三突花蛛……102
日本花蛛……104
三角蟹蛛……106
嫩葉蛛……108
裂突峭腹蛛……110
粗腳條斑蠅虎……112
眼鏡黑條蠅虎……114
寬胸蠅虎……116
黑色蟻蛛……118
日本蟻蛛……120
大蟻蛛……122
星豹蛛……124
溝渠豹蛛……126
赤條狡蛛……128
長觸肢跑蛛……130
斜紋貓蛛……132
細紋貓蛛……134
豹紋貓蛛……136
亞洲狂蛛……138
絞蛛……140
隙蛛……142
捲葉袋蛛……144
活潑紅螯蛛……146
三角鬼蛛……148
茶色姬鬼蛛……150
五紋鬼蛛……152
黑綠鬼蛛……154
野姬鬼蛛……156
阿須寬肩鬼蛛……158
斷紋金蛛……160
中形金蛛……162
大鳥糞蛛……164
鳥糞蛛……166
菱角蛛……168
熱帶塵蛛……170
無鱗尖鼻蛛……172
枯葉尖鼻蛛……174
方格雲斑蛛……176
單色雲斑蛛……178
黑尾曳尾蛛……180
雙峰曳尾蛛……182
人面蜘蛛……184
橫帶人面蛛……186
大銀腹蛛……188
條紋高腹蛛……190
前齒長腳蛛……192
日本長腳蛛……194
綠鱗長腳蛛……196
華麗金姬蛛……198
棘腹金姬蛛……200
中國褸網蛛……202
東亞夜蛛……204
蚓腹寄居姬蛛……206
銀腹寄居姬蛛……208
赤腹寄居姬蛛……210
裂額寄居姬蛛……212

水邊蜘蛛

褐腹長蹠蛛……216
金比羅長蹠蛛……218
肩斑銀腹蛛……220
褐腹狡蛛……222
溪狡蛛……224
擬環紋豹蛛……226
沙地豹蛛……228

地面蜘蛛

臺灣螲蟷……232
卡氏地蛛……234
臺灣長尾蛛……236
月斑鳴姬蛛……238
吊鐘姬蛛……240
日本崖地蛛……242

樹幹上蜘蛛

亞洲長疣蛛……246
裂腹蛛……248

《附錄一》再談蜘蛛絲的功能……250
《附錄二》蜘蛛網的分類……254
《附錄三》蜘蛛駐網的方式……258
如何觀察蜘蛛……260
參考文獻……263

蜘蛛不是昆蟲

蜘蛛在動物的分類上是屬於節肢動物門蛛形綱蜘蛛目。蛛形綱的特徵是頭部和胸部結合在一起，成為頭胸部，附肢有六對，包括上顎一對，觸肢一對，及步腳四對，牠們沒真正的觸角，步腳一般有七節，末端有爪。而昆蟲在動物的分類上是屬於節肢動物門昆蟲綱，昆蟲綱的特徵是身體分成頭部、胸部和腹部三部分，有六隻腳。

昆蟲：節肢動物門・昆蟲綱

頭	有一對觸角、眼睛（通常有複眼和單眼）
胸	有三對腳、兩對翅膀（有些退化爲一對或沒有翅膀）
腹	是消化食物、產卵和延續後代的地方

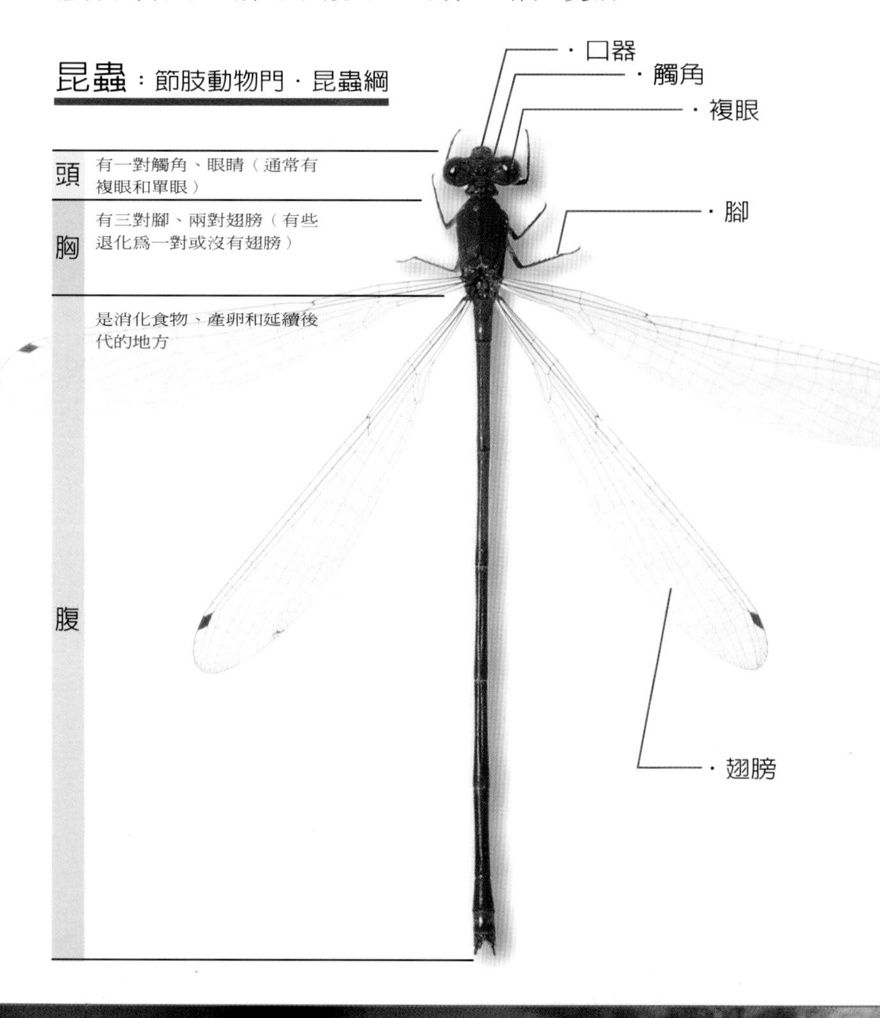

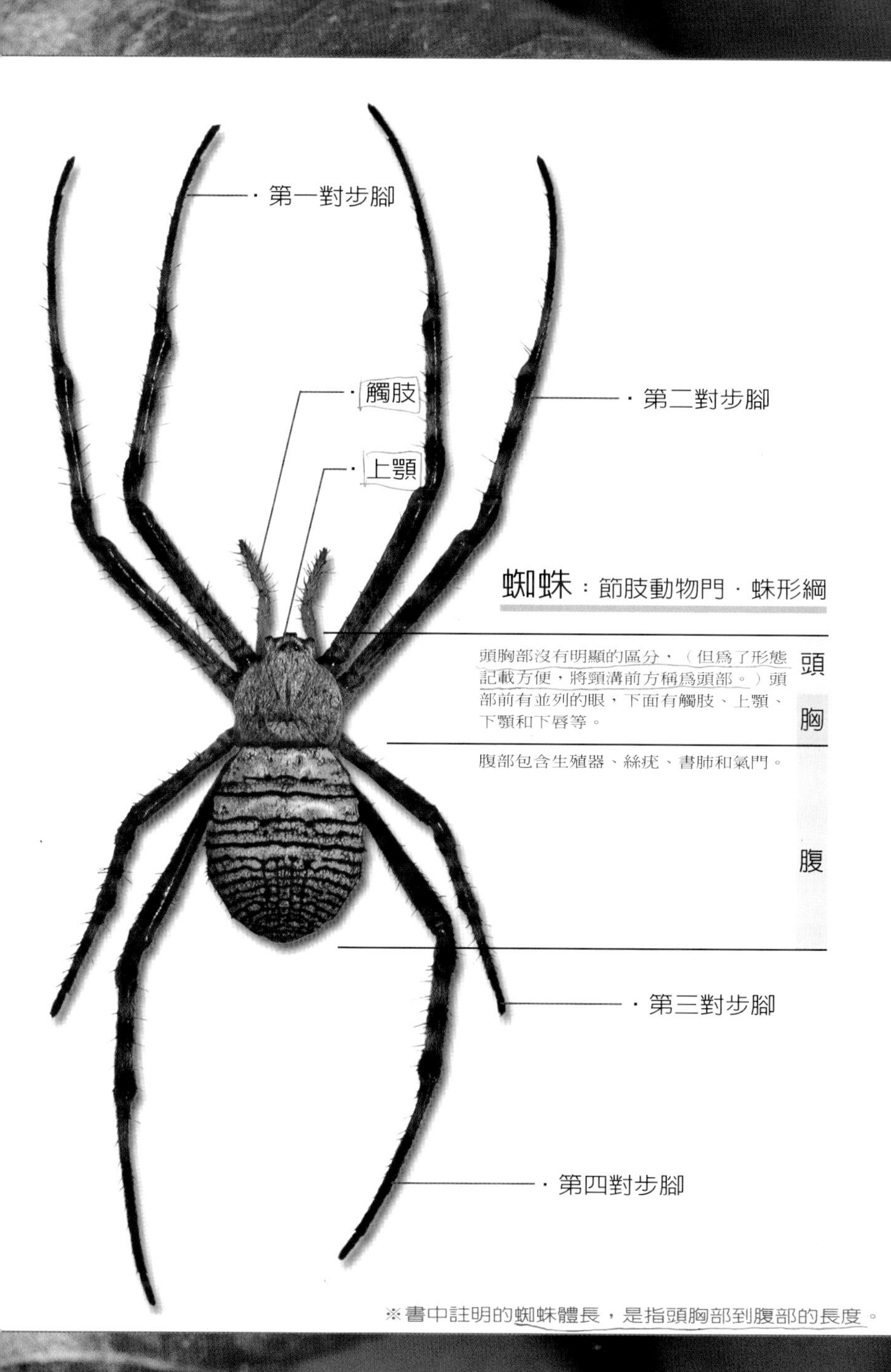

蜘蛛：節肢動物門．蛛形綱

頭胸部沒有明顯的區分，（但爲了形態記載方便，將頸溝前方稱爲頭部。）頭部前有並列的眼，下面有觸肢、上顎、下顎和下唇等。

腹部包含生殖器、絲疣、書肺和氣門。

※書中註明的蜘蛛體長，是指頭胸部到腹部的長度。

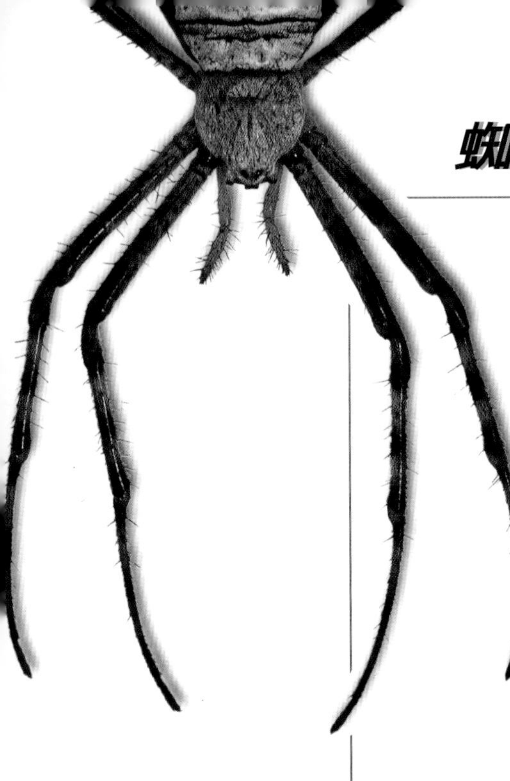

蜘蛛各部位介紹

頭 部

頭胸部並沒有明顯的區分，（但是為了形態的記載方便，將頭溝前方稱為頭部。）頭部前有並列的單眼，下面有觸肢、上顎、下顎和下唇等。

眼:

蜘蛛的眼睛都是單眼，沒有複眼，通常有八個，因種類的不同，有的只有兩個、四個或六個。另外，居住在黑暗洞窟中的蜘蛛，因為看不見光線，已經退化而沒有眼睛了。

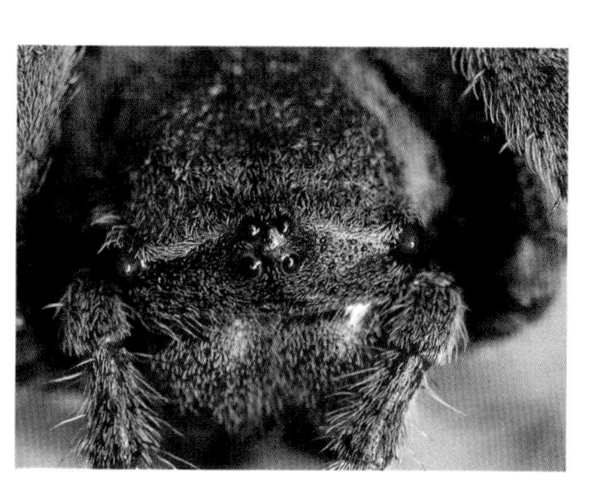

觸肢：

蜘蛛的觸肢跟昆蟲的觸角很像，它有觸覺和嗅覺的功能，也用來攜帶卵囊，捕捉昆蟲。雄蛛的觸肢也是生殖的輔助器官，將精液注入雌蛛體內。雌雄蜘蛛在交尾前，雄蛛會先將精液移到觸肢上貯存，然後再注入雌蛛的生殖器中。

口器：

蜘蛛的口器（包括上顎、下顎和下唇）並不是用來咀嚼食物，而是在捕捉昆蟲後，先將毒液注入食物體內，使食物麻痺，再藉著酵素，將蛋白質分解，然後再吸取分解後的物質。

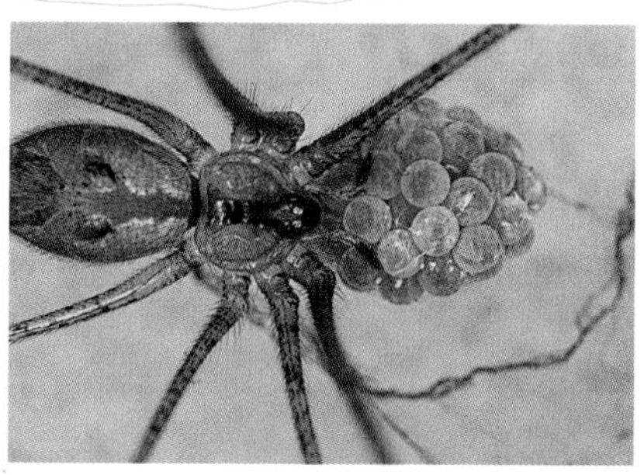

胸部

雖然蜘蛛的頭胸部是一體的，不可分的，但是為了方便辨識，將頸溝後面的部分稱為胸部。

胸板：

蜘蛛的胸板位於頭胸部的腹面通常有毛，形狀會隨著種類而不同，有心臟形、三角形、橢圓形等。

・有些蜘蛛胸部上有心臟斑紋。

・有的蜘蛛胸部看起來圓圓的。

・有些蜘蛛胸部上有長毛。

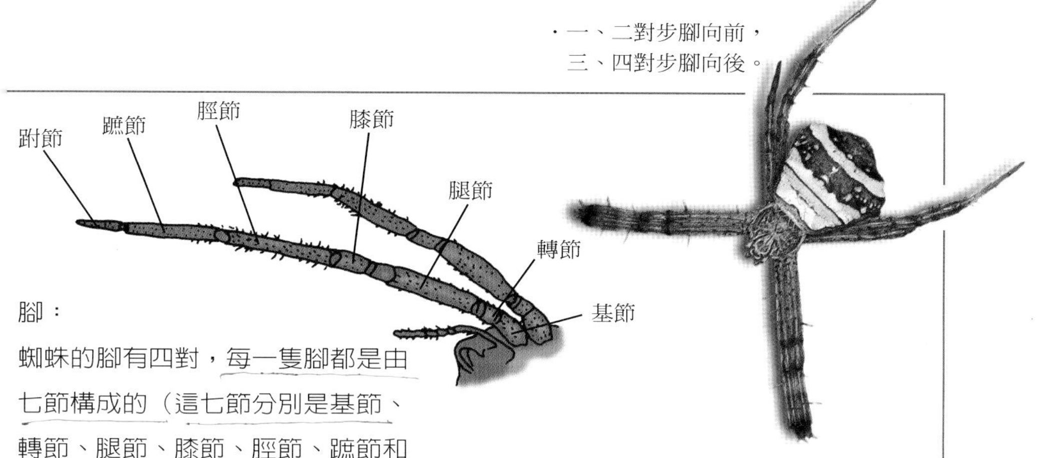

・一、二對步腳向前，
三、四對步腳向後。

腳：

蜘蛛的腳有四對，每一隻腳都是由七節構成的（這七節分別是基節、轉節、腿節、膝節、脛節、蹠節和跗節），腳上全部長著細細的毛，有的還有刺和剛毛。一般會結網的蜘蛛，在跗節的地方有爪狀的毛。蜘蛛各步腳的長度會因為種類的不同而有所差異，一般蜘蛛的第一、二步腳向前方伸出，第三、四步腳則伸向後方；有的蜘蛛的腳會全部都向側方伸出。通常在幼蛛及若蛛時期，腳若斷掉會再生，但較細；若是成蛛期則不具再生能力。

・步腳全部向側方伸出，是蟹蜘蛛的特徵。

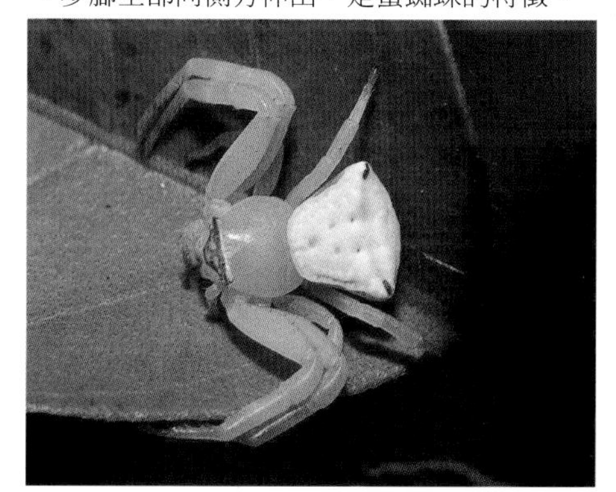

如何分辨雄蛛和雌蛛

雄蛛以觸肢作為傳送精子的工具，所以觸肢的末端都較為膨大，因此觸肢的末端可以用來分辨雄蛛和雌蛛。

・雌蛛

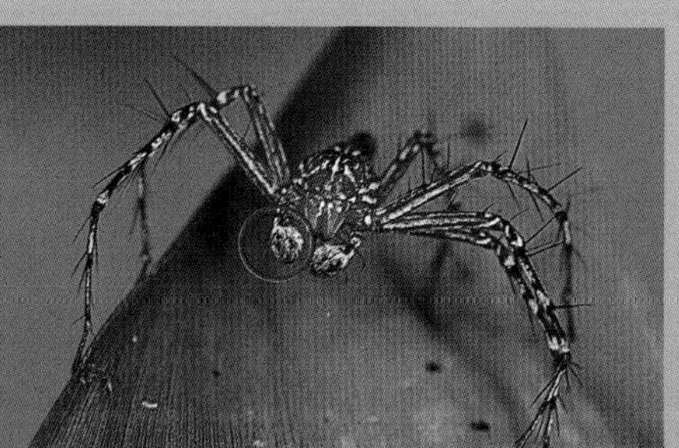

・雄蛛

腹部

蜘蛛腹部的形態變化很多，一般在長有毛的背面，會有圓形小凹點，這是肌肉的附著點，稱為筋點。

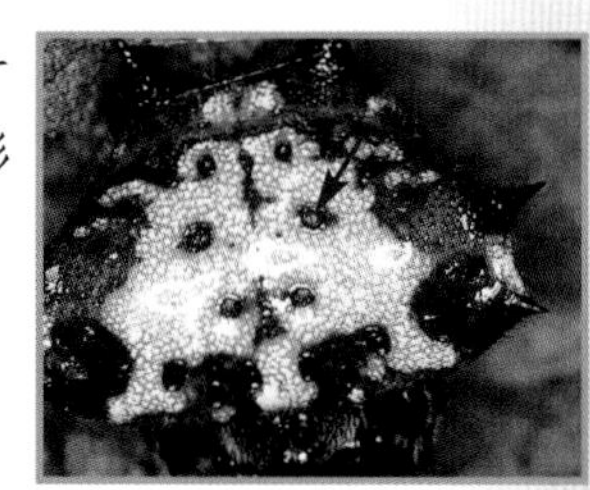

生殖門：

雌雄蜘蛛的生殖門都長在胃外溝的中央，雄蛛輸精管開口是很小的孔，外面沒有任何東西保護。雌蛛的外雌器，是特別需要觀察的部位，因種類的不同，會產生很大的差異。雌蛛的內部生殖器是由一對貯精囊形成，由貯精囊導至生殖器開口部的管子，其形狀會隨著種類的不同有所差異。內部生殖器從外部看不見，必須將雌蛛的生殖器取出來，經過處理才容易觀察得到。蜘蛛分類學者以往對於蜘蛛種類的鑑定大都根據外雌器，現在漸漸改以內部生殖器作為分類的標準。

書肺與氣管：

蜘蛛跟其他棲息在陸地上的節肢動物一樣，都是用氣管呼吸的。除了氣管以外，書肺也是重要的呼吸器官。書肺氣門是書肺的開口，位在胃外溝的兩側，而氣管氣門大都在絲疣的兩側，有的則在外雌器和絲疣的中間。書肺氣門和氣管氣門的數目是分類學家在做「科」的分類時重要的特徵之一。

・蜘蛛腹面

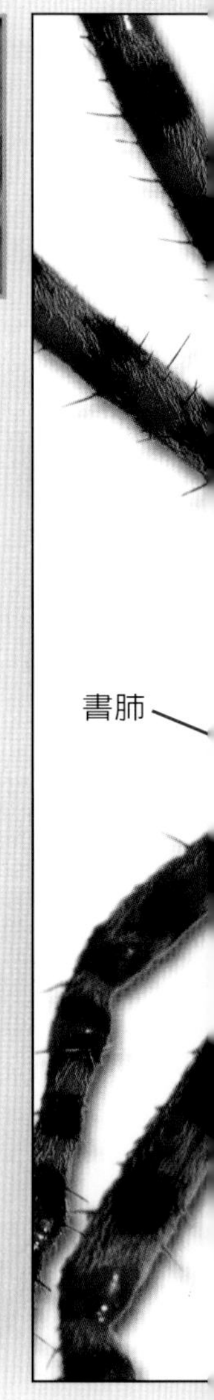

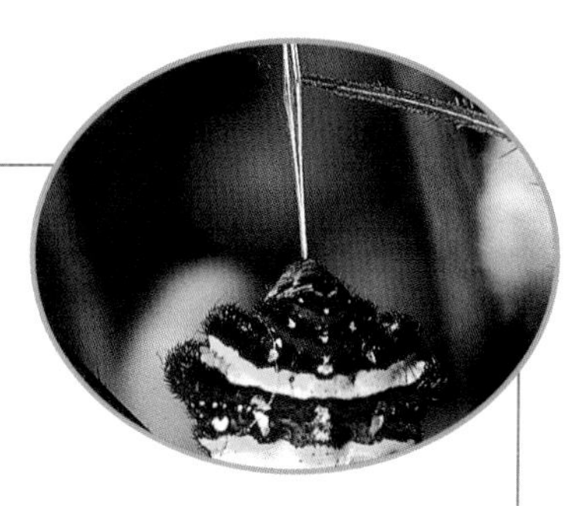

絲疣：

絲疣位在腹部的末端，普通具有三對，有的種類則有二對，當絲疣吐絲的時候，它可是會動的喔！在絲疣的末端有許多小管，會隨著機能的不同而改變形態，細小的稱為小吐絲管，吐出來的絲用來織成附著盤；較大的稱為吐絲管，能夠吐出曳絲和黏著絲。

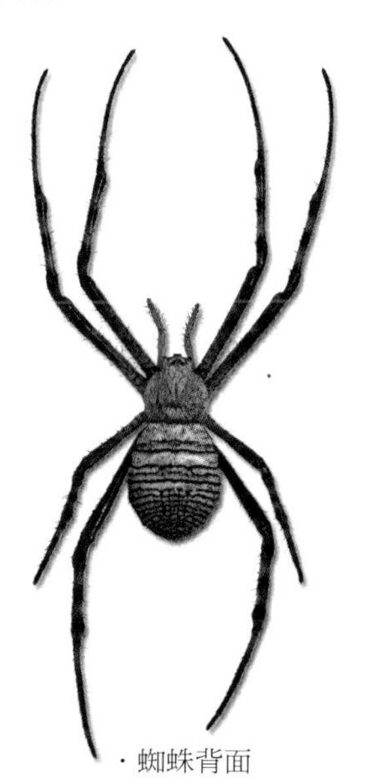
・蜘蛛背面

・蟹蛛

求偶和交配

一般而言，雌蛛的體形都大於雄蛛，有些種類的蜘蛛，雌雄差異之大，彷彿像蜘蛛媽媽帶著幼蛛，如：人面蜘蛛。在求偶過程中，通常雌蛛是屬於被動的，都要藉由雄蛛的求偶行為吸引雌蛛完成交配。當雄蛛要進行交配的時候，會特別小心，牠們往往使出渾身解數先來一段特別的求偶儀式，除了吸引雌蛛注意外，還可以避免被當成食物吃掉。而雄蛛的求偶方式充滿趣味而富有變化，大致分為下列三種：

1. 雄蛛直接爬到雌蛛身上，當雌蛛的腹部朝雄蛛方向抬高時，雄蛛再將沾滿精液的觸肢，插入雌蛛的生殖孔，完成交配。以這個方式求偶交配的品種有：人面蜘蛛、蟹蛛、袋蛛等。

・人面蜘蛛

・雄蛛彈動交配絲，向雌蛛求偶。（大銀腹蛛）

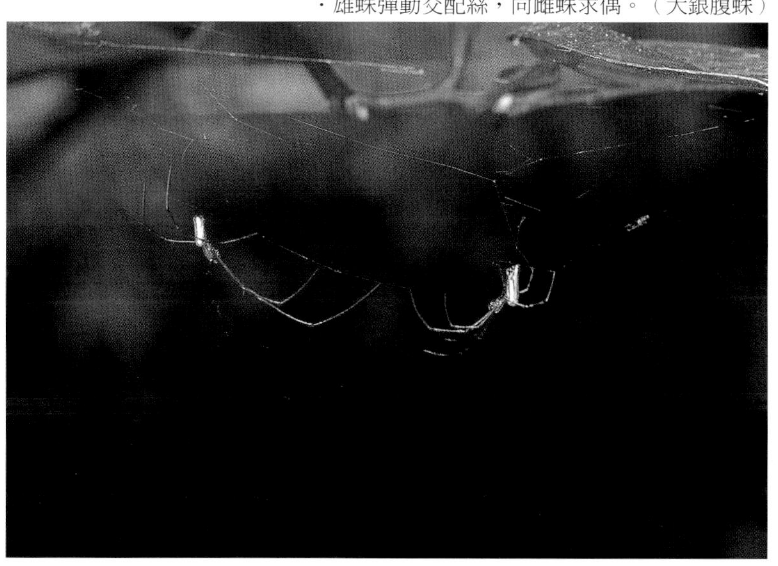

2. 雌蛛會在網上散發出費洛蒙(pheromones)的氣味，吸引雄蛛前來，被吸引而來的雄蛛會將雌蛛網外的絲，以一邊拉、一邊彈撥的方式，振動蜘蛛網，通知雌蛛、吸引雌蛛注意，當快要交配時，雄蛛就用前腳在雌蛛的網上黏一條自己的交配絲，然後很有節奏的彈動蜘蛛絲，好像撥吉他一樣，直到雌蛛接納，願意離開網到交配絲上與雄蛛交配為止。大部分蜘蛛都是如此，如狼蛛。

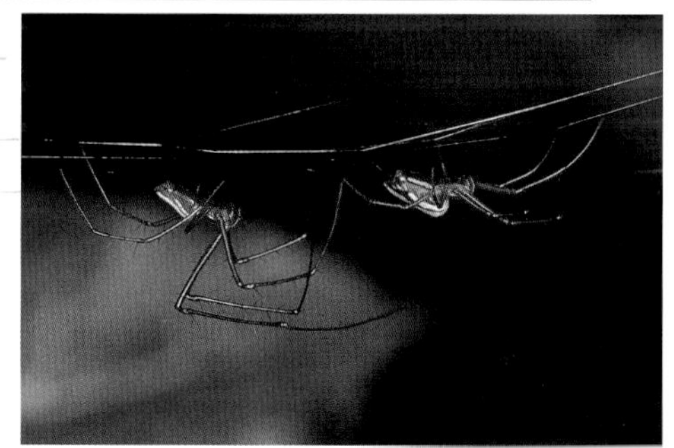

・雌蛛接納了，漸漸靠近雄蛛。

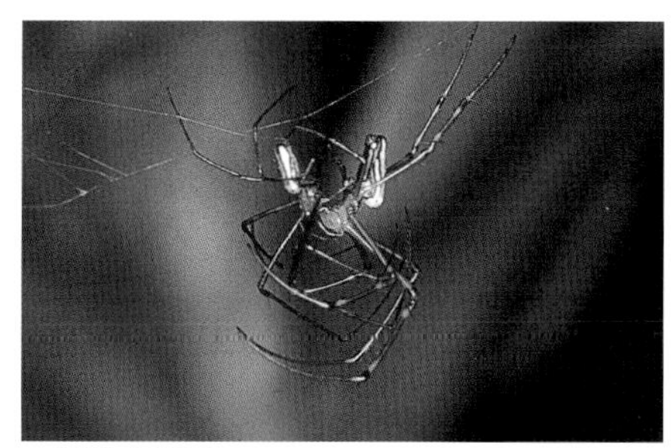

・開始交配了。

・雄蠅虎看到雌蠅虎開始跳求偶舞。右爲雄蛛，左爲雌蛛。

・雌蠅虎若同意會搖動觸肢回應。

・完成交配。

3. 這個方式是雄蛛必須看到雌蛛才會表現的求偶行為，如果雄蛛沒看到雌蛛就不會發生。屬於這一類行為的蜘蛛有：蠅虎、貓蛛等。以蠅虎來說，當雄蠅虎看到雌蠅虎時，牠會上下搖擺、舞動觸肢，以舞蹈的方式迎向雌蠅虎，希望獲得雌蠅虎正面回應，能與牠完成交配。也許有些種類的雌蛛對雄蛛跳的求偶舞完全不感興趣，也毫無反應，甚至會趕走雄蛛，有些雌蛛則會搖動觸肢回應，若雌蛛同意，交配就可以完成。而雄蛛也會在求偶時，觀察雌蛛的反應，以判斷對方是否為同一種類的蜘蛛，通常雄蛛的求偶行為是有種類區別性的，而雌蛛也只接納同種類雄蛛的求偶行為，因此不會有雜交種的情形。

產卵過程

泉字雲斑蛛找到一處安全的地方準備產卵，產卵前，會吐絲先織一個盤狀構造（就像是育嬰房），牠一下子順時針、一下子逆時針的織著網，先用白色柔細的絲鋪底，再將卵產下，牠會用腹部輕推著卵，讓它能緊貼在網上，然後再以灰色、強韌的絲將卵封在育嬰房裡。大約50天後，若蛛就會孵出。

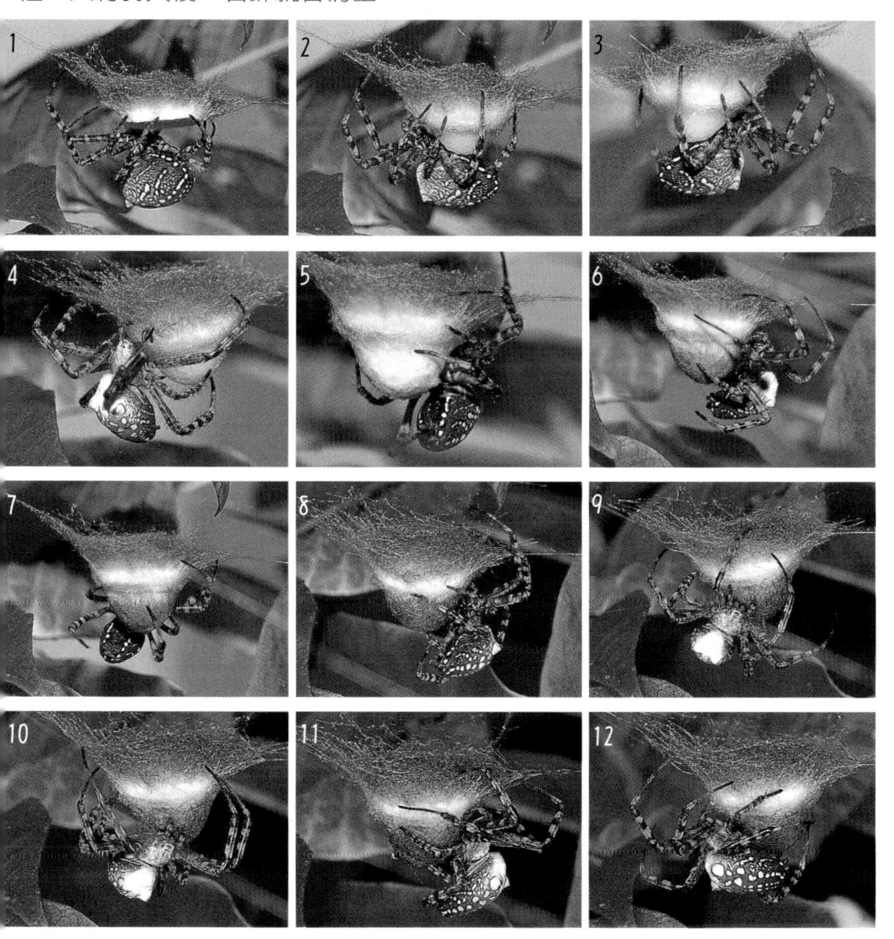

生長過程

・胚胎期

・幼蛛期

・若蛛期

・成蛛期

・壺腹蛛

當蜘蛛交配，精子和卵子形成受精卵那一刻開始，蜘蛛的小生命便開始形成了。從受精卵發育成一個稍具蜘蛛外形的「前幼蛛」，都是在卵殼裡進行的，我們稱這個時期為胚胎期（embryonic）。

・卵

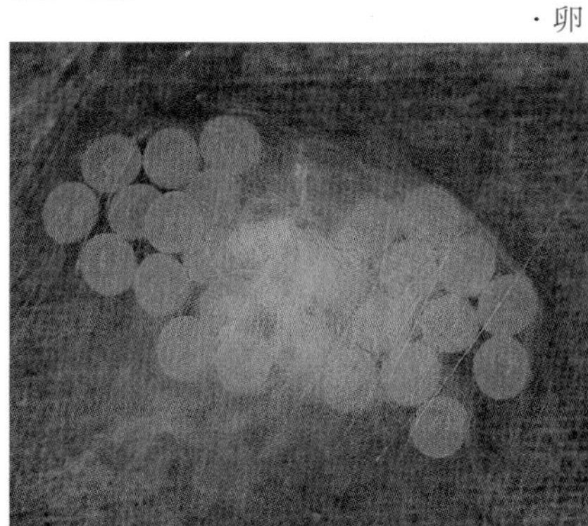

幼蛛期（***larval stage***）

蜘蛛從「幼蛛期」開始，蜘蛛的外形就已經形成了，但是大部分器官尚未完全發育，活動力較弱，也沒法子捕捉獵物，還必須依賴身體內殘留的卵黃供給養分。「幼蛛期」分成兩種形態的個體，早期的個體叫「前幼蛛」，後期的個體叫「幼蛛」。通常蜘蛛是在「前幼蛛」的時候破殼而出（或稱為「孵化」），但是也有些蜘蛛要等到「幼蛛」才

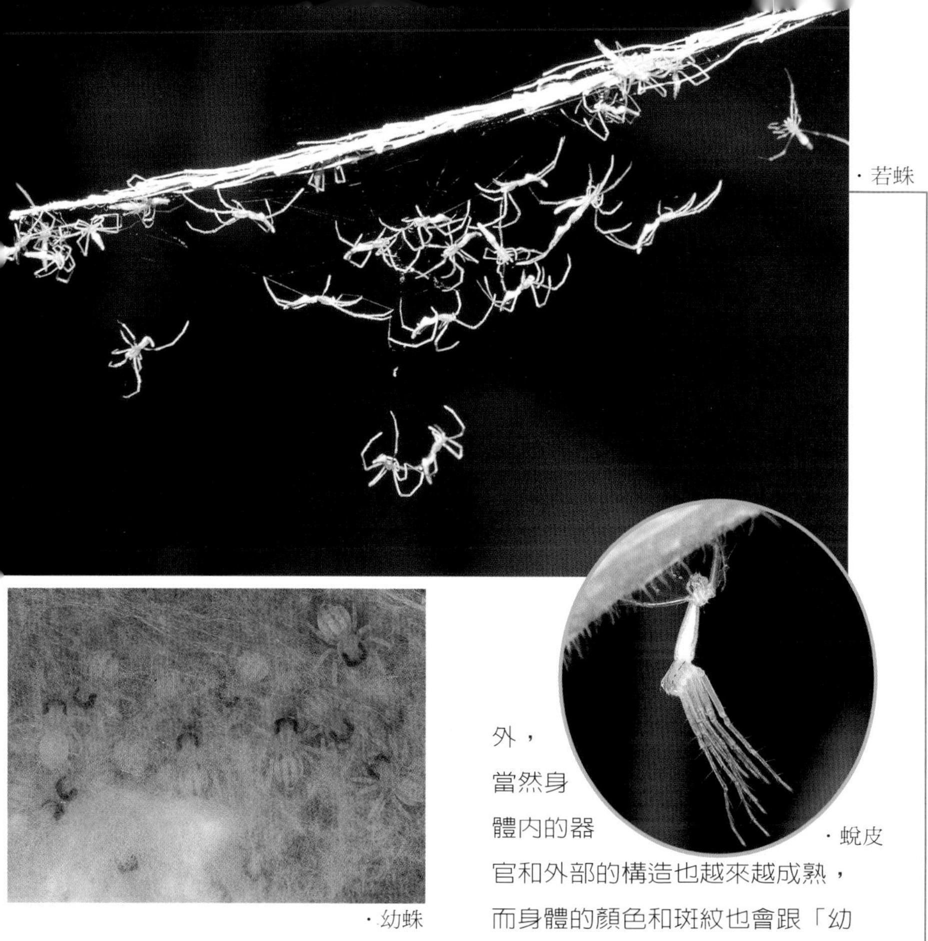

・若蛛

・幼蛛

・蛻皮

會孵化（所有蜘蛛的幼蛛期都住在卵囊裡）。「前幼蛛」經過1－2次蛻皮發育成為「幼蛛」，「幼蛛」也要經過1－2次蛻皮才能發育為「若蛛」。

若蛛期（*nymph stage*）

蜘蛛要發育到「若蛛期」才會破囊而出（這個過程常被誤認為孵化），開始獨立生活，然後還要再經過5－10次的蛻皮，才會發育為成熟個體。每經過一次蛻皮，蜘蛛除了體形會變大以外，當然身體內的器官和外部的構造也越來越成熟，而身體的顏色和斑紋也會跟「幼蛛期」不同。

成蛛期（*adult stage*）

蜘蛛經過最後一次蛻皮以後，雌蛛和雄蛛的生殖輸管成熟，可以行使生殖功能時，就稱為成蛛。蜘蛛在「成蛛期」的外部形態和顏色和「若蛛期」略有差異，最大的差別就是具有性功能的生殖器官，能進行求偶、交配，完成繁衍種族的使命。

蜘蛛的生活習慣

依蜘蛛的生活方式可以分成兩類，一類是結網性蜘蛛，也就是在固定場所結網捕食的蜘蛛，例如：鬼蛛、人面蜘蛛等。一類是徘徊性蜘蛛，牠們不結網，常常在草叢、葉子上和牆壁上等地方徘徊，獵捕昆蟲當食物，例如：蠅虎、狼蛛、跑蛛等都是徘徊性蜘蛛。

結網性蜘蛛

結網性蜘蛛大都會結明顯的網，並且以網做為生活的中心，有一些結網性蜘蛛則是會在網旁邊的隱密處，像是樹幹、葉背或山壁凹陷處等地方築巢，用來當作休息、躲避寒冬、敵人或者是產卵的地方。舉個例子來說：大姬蛛會將落在網上的枯葉當作居巢和產房。結網性蜘蛛常駐在網的中央，等待獵物上門，而夜行性蜘蛛會在傍晚出來結網捕食，等到第二天清晨將網破壞或回收後才回巢休息。

・泉字雲斑蛛的卵囊。

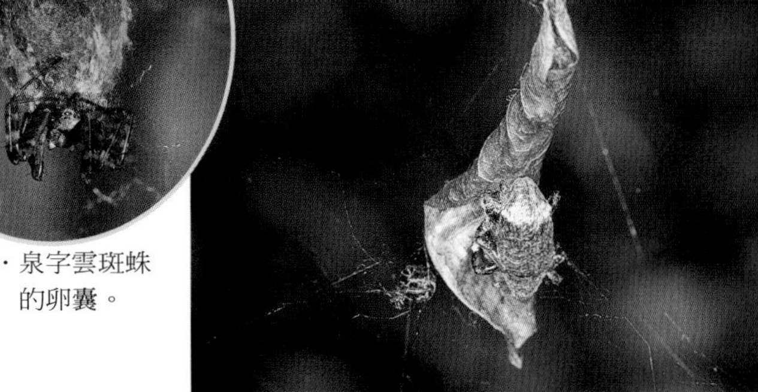

・大姬蛛的巢。

・蜘蛛也會捕食比自己體形大很多的獵物。

・黃姬鬼蛛先用蛛絲將獵物包裹起來。

・黑綠鬼蛛把捉到的獵物帶回巢中享用。

・鳥糞蛛把蛛絲吃下去以重新利用其中的蛋白質。

・結網性蜘蛛通常會待在網上，等候獵物上門。（斷紋金蛛）

徘徊性蜘蛛

徘徊性蜘蛛常將巢築在樹幹的凹處、牆壁隙縫和落葉堆下，有的蜘蛛還將樹葉捲曲或黏合幾片葉子來當作巢，牠們的活動範圍較大，大部分以小昆蟲當作食物，有的蜘蛛會徘徊在水邊捕捉水中生物來吃，有的蜘蛛身體的顏色跟嫩葉、枯葉等很像，不但不容易被發現，還可以伺機捕捉昆蟲呢！

・蟹蛛捕食椿象。

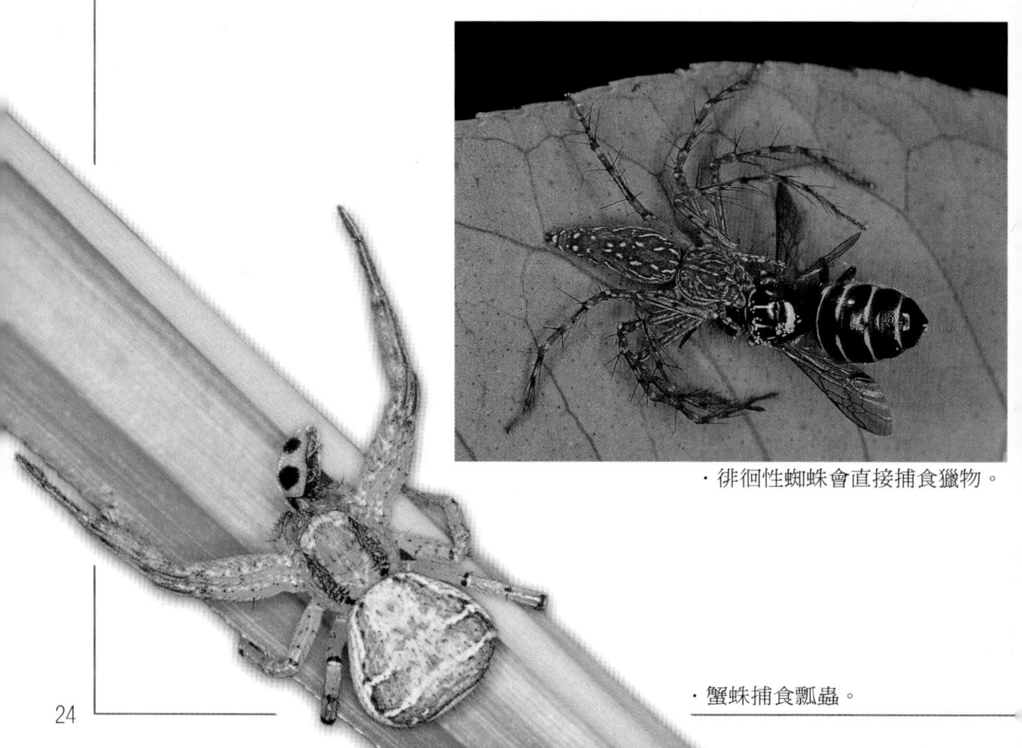

・徘徊性蜘蛛會直接捕食獵物。

・蟹蛛捕食瓢蟲。

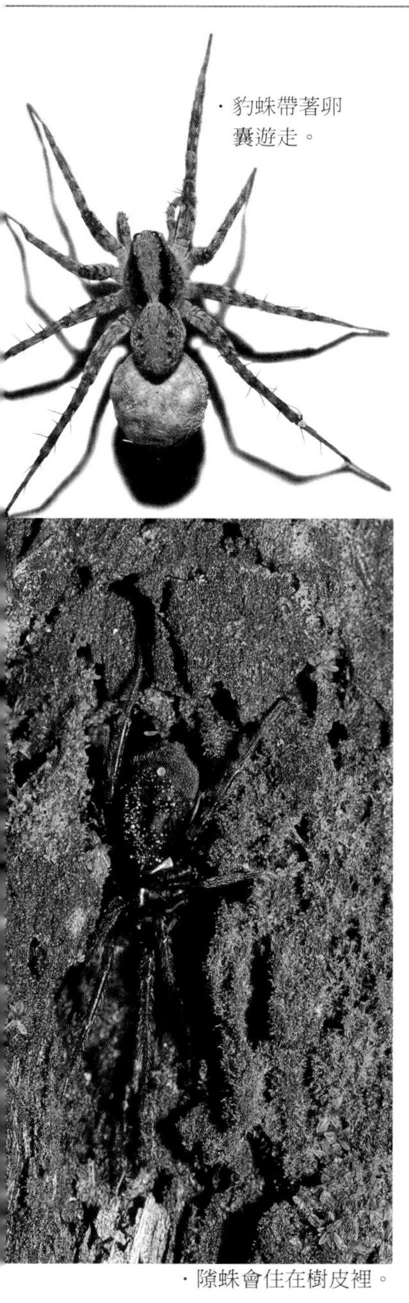

·豹蛛帶著卵囊遊走。

·隙蛛會住在樹皮裡。

·有些蜘蛛會在地上挖洞當巢。

·有些蜘蛛會在牆角邊築巢。

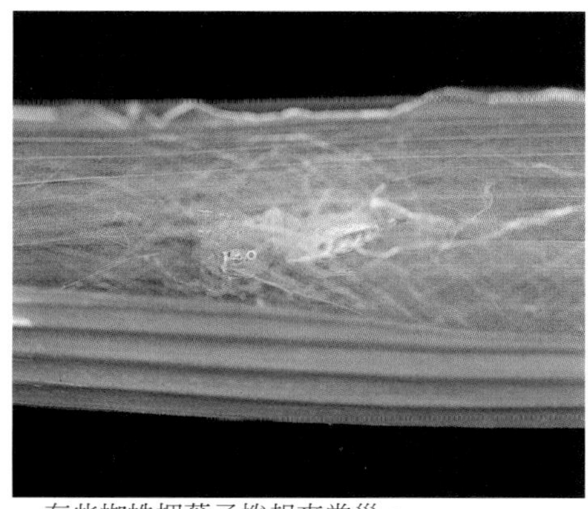

·有些蜘蛛把葉子捲起來當巢。

臺灣產蜘蛛目之科別

地蛛科 Atypidae

卡氏地蛛……234

縮網蛛科 Filistatidae

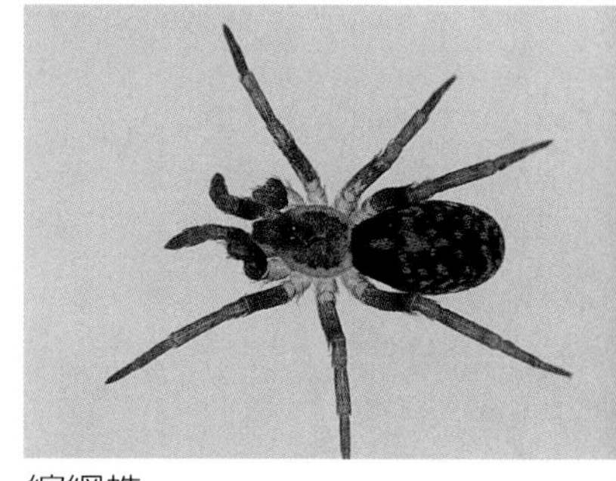

縮網蛛……

螲蟷科 Ctenizidae

臺灣螲蟷……232

花皮蛛科 Scytodidae

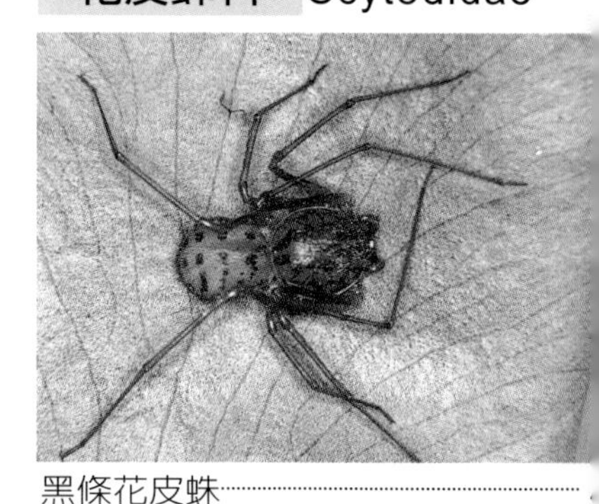

黑條花皮蛛……
黃昏花皮蛛……

六疣蛛科 Hexathelidae

臺灣長尾蛛……236

埃蛛科 Oecobiidae

臺灣埃蛛……

幽靈蛛科 Pholcidae

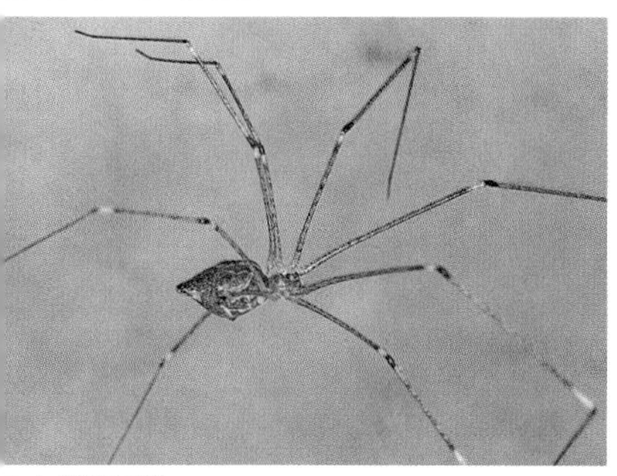

内幽靈蛛 34
六眼幽靈蛛 35
幽靈蛛 36
腹蛛 38

姬蛛科 Theridiidae

姬蛛 48
色金姬蛛 90
本姬蛛 92
麗金姬蛛 198
腹金姬蛛 200
腹寄居姬蛛 206
腹寄居姬蛛 208
腹寄居姬蛛 210
額寄居姬蛛 212
斑鳴姬蛛 238
鐘姬蛛 240

長疣蛛科 Hersiliidae

亞洲長疣蛛 246

皿網蛛科 Linyphiidae

白緣蓋皿蛛 94

橫疣蛛科 Hahniidae

橫疣蛛 98

渦蛛科 Uloboridae

變異渦蛛……66
東亞夜蛛……204

長腳蛛科 Tetragnathidae

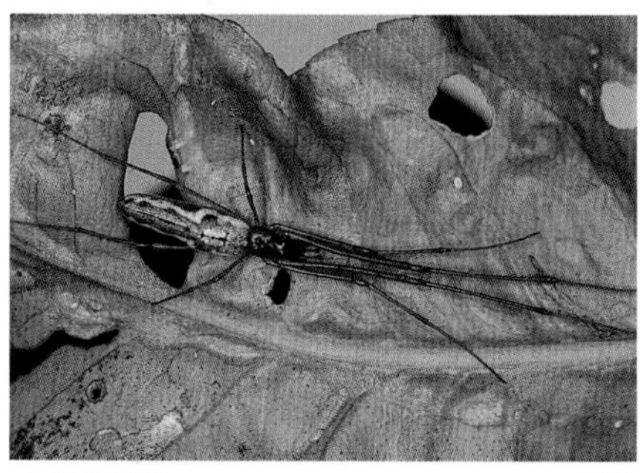

人面蜘蛛……184
橫帶人面蜘蛛……186
大銀腹蛛……188
條紋高腹蛛……190
前齒長腳蛛……192
日本長腳蛛……194
綠鱗長腳蛛……196
褐腹長蹠蛛……216
金比羅長蹠蛛……218
肩斑銀腹蛛……220
裂腹蛛……248

金蛛科 Araneidae

簷下姬鬼蛛……
大腹鬼蛛……
乳頭棘蛛……
古氏棘蛛……
泉字雲斑蛛……
黃姬鬼蛛……
寬腹姬鬼蛛……
眼點金蛛……
長圓金蛛……
長銀塵蛛……
三角鬼蛛……1
茶色姬鬼蛛……1
五紋鬼蛛……1
黑綠鬼蛛……1
野姬鬼蛛……1
阿須寬肩鬼蛛……1
斷紋金蛛……1
中形金蛛……1
大鳥糞蛛……1
鳥糞蛛……1
菱角蛛……1
熱帶塵蛛……1
無鱗尖鼻蛛……1
枯葉尖鼻蛛……1
方格雲斑蛛……1
單色雲斑蛛……1
黑尾曳尾蛛……1
雙峰曳尾蛛……1

崖地蛛科 Titanoecidae

本崖地蛛……242

鷲蛛科 Gnaphosidae

亞洲狂蛛……138

褸網蛛科 Psechridae

華褸網蛛……202

櫛蛛科 Ctenidae

絞蛛……140

草蛛科 Agelenidae

草蛛……74
草蛛……76
蛛……142

貓蛛科 Oxyopidae

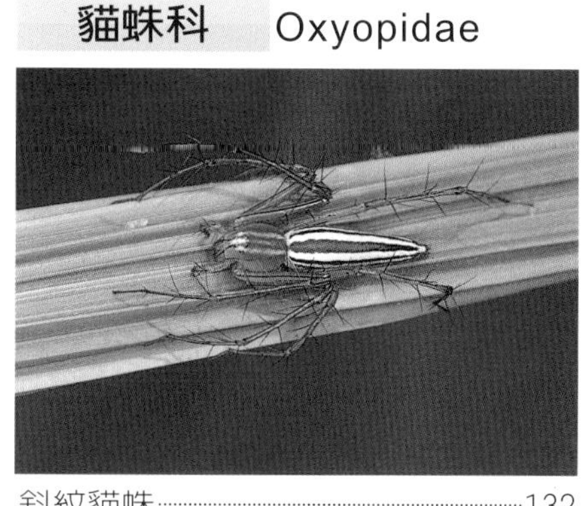

斜紋貓蛛……132
細紋貓蛛……134
豹紋貓蛛……136

袋蛛科 Clubionidae

捲葉袋蛛……144
活潑紅螯蛛……146

擬扁蛛科 Selenopidae

臺灣擬扁蛛……52

跑蛛科 Pisauridae

赤條狡蛛……128
長觸肢跑蛛……130
褐腹狡蛛……222
溪狡蛛……224

蟹蛛科 Thomisidae

三突花蛛……1
日本花蛛……1
三角蟹蛛……1
嫩葉蛛……1
裂突峭腹蛛……1

高腳蛛科 Heteropodidae

白額高腳蛛……

法師蛛科 Zodariidae

狼蛛科 Lycosidae

宪馬蛛……96
豹蛛……124
渠豹蛛……126
環紋豹蛛……226
池豹蛛……228

蠅虎科 Salticidae

悪遜蠅虎……54
条斑蠅虎……56
鬚扁蠅虎……58
卻條斑蠅虎……112
鏡黑條蠅虎……114
匈蠅虎……116
色蟻蛛……118
本蟻蛛……120
義蛛……122

葉蛛科 Dictynidae

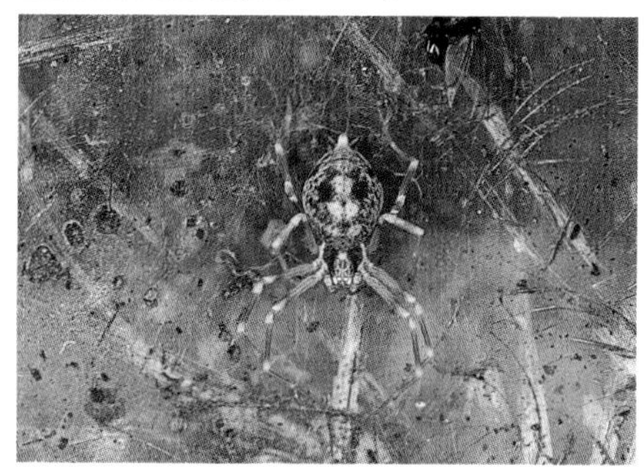

輝蛛科 Liocranidae

類石蛛科 Segestriidae

捕鳥蛛科 Theraphosidae

絲蛛科 Sicariidae

石蛛科 Dysderidae

卵蛛科 Oonopidae

擬態蛛科 Mimetidae

管蛛科 Corinnidae

蝦蛛科 Philodromidae

上戶蛛科 Dipluridae

屋內蜘蛛

室內幽靈蛛

Pholcus phalangioides

別名：家幽靈蛛

室內幽靈蛛有細長的八隻腳，喜歡住在比較陰暗的地方，我們可以在室內的牆角、屋簷下、桌子下和櫥櫃下找到牠們結的網。當室內幽靈蛛受到刺激時，為了保護自己，牠的腳和身體會上下顫動來壯大聲勢、嚇走敵人。捕食昆蟲時，牠會以細長的後腳用縛絲、以纏繞的方式來捉到昆蟲。室內幽靈蛛的卵沒有卵囊，只有幾條絲包裹著，母蛛會以上顎叼著卵走，直到幼蛛孵化後才離開。

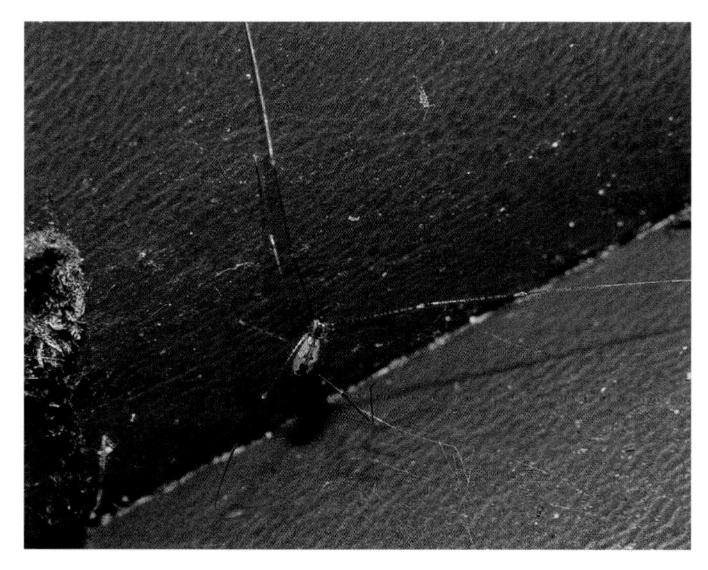

小檔案

科 名	幽靈蛛科Pholcidae 幽靈蛛屬
體 長	雄性約7-8mm，雌性約8-10mm
網 形	若蛛結不規則網，成蛛結漏斗網
棲 地	居家牆角、室內較陰暗處、室外橋樑背面

廣六眼幽靈蛛

Spermophora senoculata

你可以在牆角、倉庫、書櫃背面找到廣六眼幽靈蛛結的網，野外的倒木下也可以看到牠們的蹤跡。廣六眼幽靈蛛是六眼幽靈蛛屬的成員之一，這一屬的蜘蛛因都有六個小眼而得名。

小檔案

科 名	幽靈蛛科Pholcidae 六眼幽靈蛛屬
體 長	雄性約2mm，雌性約2.2mm
網 形	不規則網
棲 地	室內較陰暗處

擬幽靈蛛

Smeringopus pallidus

擬幽靈蛛的習性和室內幽靈蛛大致上差不多。從外形上比較，擬幽靈蛛的腳有毛，腿脛兩節的末端是白色的，腹部有八字形的黑點五對。

・母蛛用上顎啣住卵囊，直到幼蛛蛻完一次皮才分開。

· 雌蛛。

· 擬幽靈蛛具有護卵行爲（雌蛛）。

小檔案

科名	幽靈蛛科Pholcidae 擬幽靈蛛屬
體長	雄性約5.5mm，雌性約6-7mm
網形	不規則網
棲地	臺灣各地室內較陰暗處

壺腹蛛

Corssopriza lyoni

別名：萊氏壺蛛、里昂壺腹蛛

壺腹蛛褐色的頭胸部呈圓形，具有不規則的狹長黑邊和黑褐色的正中線，胸板黃褐色；步腳又細又長，而腿節和脛節末端是白色的；腹部短而高，後端很明顯的向後突起；腹部正中央和背面中央都有一條黑色縱帶，兩側也各有一條黑斑組成的縱帶。壺腹蛛通常會在室內牆角、櫥櫃縫隙等比較陰暗的地方結網，並倒掛在網面下，遇到敵人時會劇烈的振動身體來嚇唬敵人。產卵後，雌蛛會用幾根細絲縛住卵，咬住卵囊，這是壺腹蛛護卵的行為。

．壺腹蛛具有護卵和保護幼蛛的行爲。

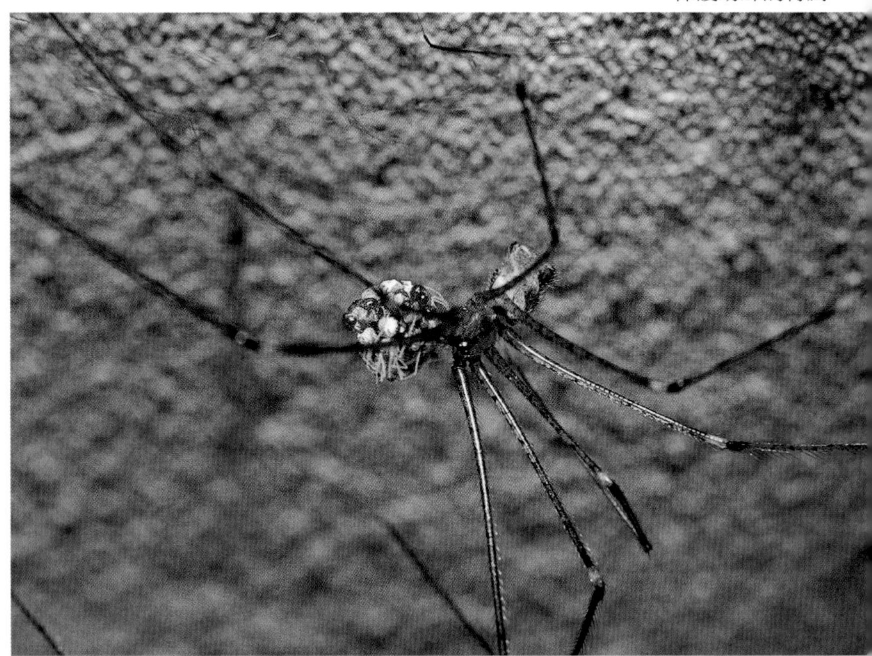

・壺腹蛛棲息在牆角。（雌蛛）

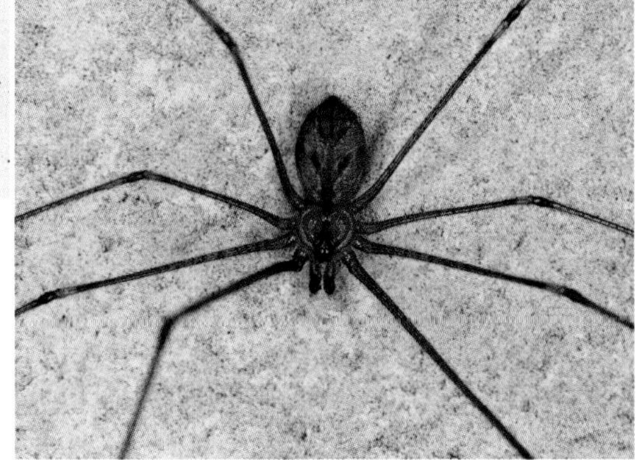

・雌蛛。

小檔案

科 名	幽靈蛛科Pholcidae 壺蛛屬
體 長	雌雄皆為5-6mm
網 形	不規則網
棲 地	臺灣各地室內較陰暗的牆角

縮網蛛

Filistata marginata

別名：管網蛛

縮網蛛是室內最常見的蜘蛛，動作慢吞吞的，會在牆壁、天花板、窗門的縫隙中結網，結網最主要目的是用來居住；網的周圍布有引誘絲，當引誘絲上有昆蟲接近入口時，縮網蛛就會以非常快的動作捉住昆蟲，然後將昆蟲拉到巢穴中，才好好飽食一頓。

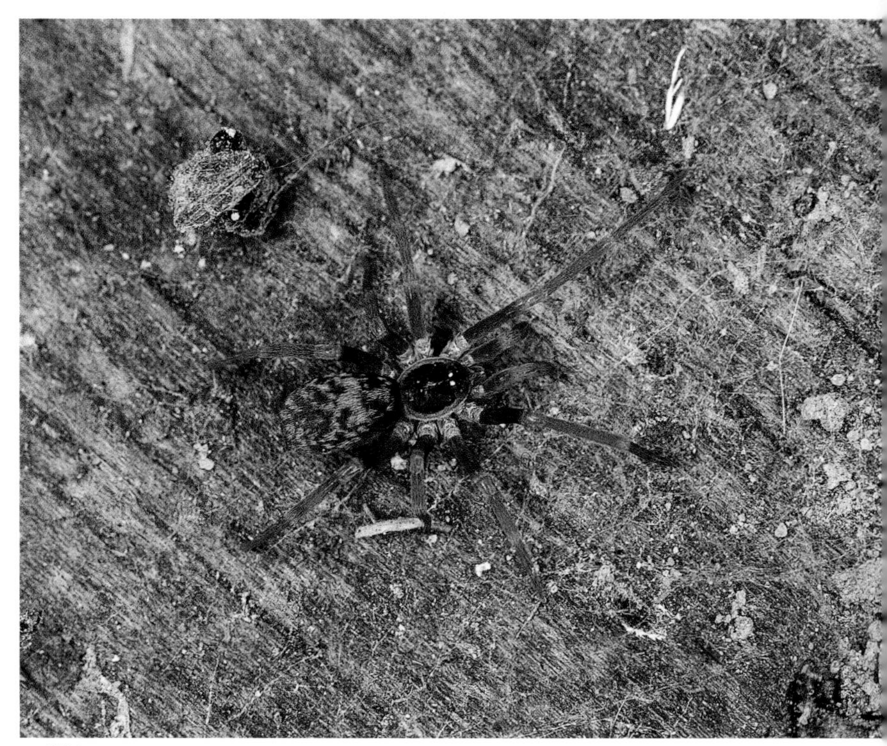

・雌蛛。

・縮網蛛住在牆壁和門窗邊。

・雄蛛的觸肢前端不具球狀，只稍膨脹。

小檔案

科 名	縮網蛛科Filistatidae　縮網蛛屬
體 長	雌雄皆為4-5㎜
網 形	扁平不規則網
棲 地	臺灣各地門窗邊緣都看得到

臺灣埃蛛

Oecobius formosensis

臺灣埃蛛會在牆壁、天花板或窗框角落等地方，織一個 4 至 5 公分長的白色薄巢，然後住在下面，有時會從巢中出來到處走走。臺灣埃蛛的腹部扁扁的，中間有一條黑色條紋，腳上還有黑色的環節。不管是在白天或晚上，只要有昆蟲接近時，臺灣埃蛛會立刻豎起腹部，用蛛絲緊緊的纏住捕捉到的昆蟲，就算是比牠大個三四倍的昆蟲，也是一下子就被牠纏住而無法動彈呢！臺灣埃蛛產卵時會織一個薄薄的帳幕形卵室，產下來的卵，數目很少，大概在二十個以內。

・臺灣埃蛛捕食小形昆蟲。

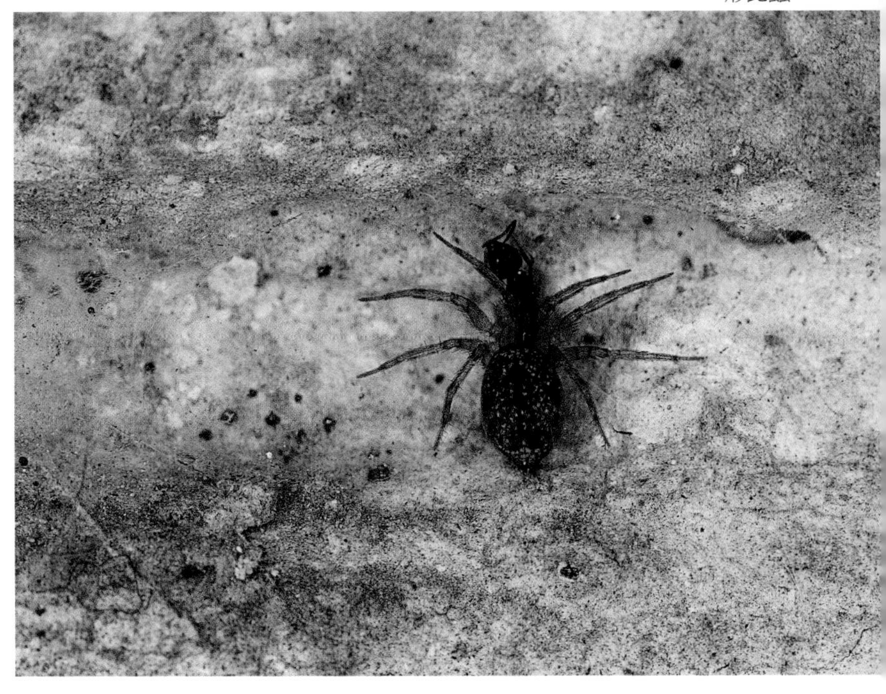

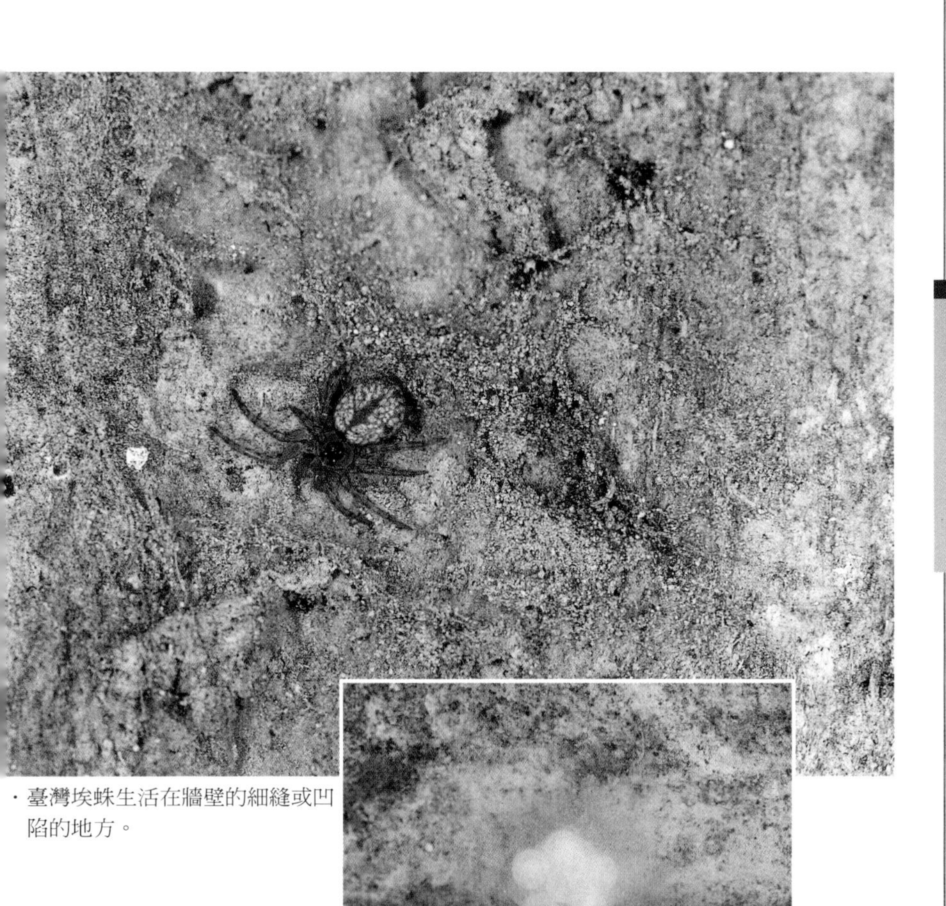

・臺灣埃蛛生活在牆壁的細縫或凹陷的地方。

・卵粒由薄絲包裹成卵囊。

小檔案

科 名	埃蛛科Oecobiidae 埃蛛屬
體 長	雌雄皆為3mm
網 形	扁平不規則網
棲 地	在牆壁凹陷處都看得到

黑條花皮蛛

Scytodes nigrolineata

黑條花皮蛛全身紫黑，有些腹部有褐色的條紋，腳很細很細，通常住在碗櫥、衣櫥和樹皮的裂隙等陽光比較照不到的地方。黑條花皮蛛的捕食方式與花斑山城蛛類似，會從口中射出混有毒液及黏液之液體來制服昆蟲。

・雌黑條花皮蛛（紫黑色形）。

·黑條花皮蛛會住在陰暗的牆角。

·黑條花皮蛛（腹部條紋形）。

小檔案

科名	花皮蛛科Scytodidae 花皮蛛屬
體長	雄性約4.5mm，雌性約6-7.5mm
網形	不規則網
棲地	臺灣各地室內窗角、門縫較陰暗處

黃昏花皮蛛

Scytodes thoracica

別名：花斑山城蛛、胸紋花皮蛛

黃昏花皮蛛跟黑條花皮蛛一樣，都是住在碗櫥、衣櫃、土牆、樹皮的裂隙等光線比較暗的地方。當黃昏花皮蛛看到小昆蟲時，會先慢慢的接近，然後用第一對步腳試探看看；昆蟲一扭動，牠會後退，同時張開牠的大顎，吐出黏液將小昆蟲黏住；接著再慢慢走近小昆蟲，將牠咬死，你以為牠要開始吃大餐了嗎？不，牠會先將自己所吐出來的黏液清除乾淨以後，才開始吸食昆蟲的體液。

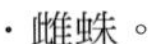
・雌蛛。

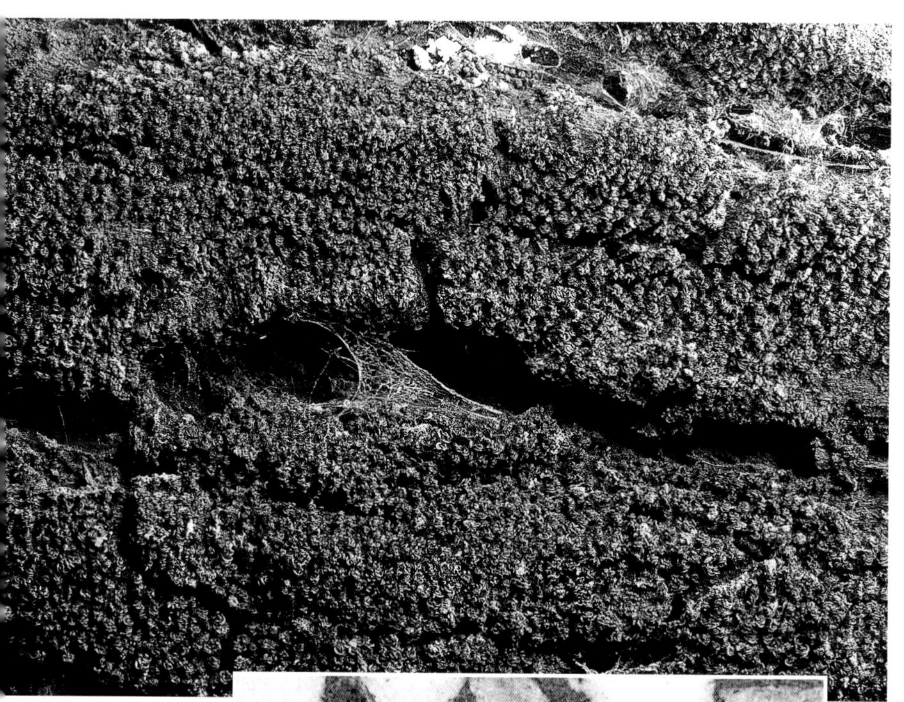

· 在樹皮內可以看見黃昏花皮蛛的蹤跡。

· 喜歡遊走在室內陰暗的地方。

小檔案

科 名	花皮蛛科Scytodidae 花皮蛛屬
體 長	雄性約4.5mm，雌性約6-7.5mm
網 形	不規則網
棲 地	臺灣各地室內陰暗處、野外林間、土牆裂縫

大姬蛛

Achaearanea tepidariorum

別名：溫室球腹蛛

大姬蛛是姬蛛屬當中體形最大的，腹部形狀像球形，圓滾滾的，比頭胸部大很多很多，室內室外隨處都可以看到牠們的蹤影。住在室外的大姬蛛，常將土粒和枯葉等吊在網的中央，然後將自己藏在下面，藉以躲避寒暑和防禦敵人。成熟的雄大姬蛛不會自己結網，所以都是住在雌大姬蛛的網上，一隻雌大姬蛛網上，通常會和一到三隻雄大姬蛛一起生活。大姬蛛所結的網有由上往下垂的蛛絲，在蛛絲的下面有一個黏球，這個是用來捕捉地面上爬行的昆蟲，當昆蟲一靠近就會被黏住了。在公車上座椅下常有不規則的蜘蛛網，那通常是大姬蛛結的網。

・大姬蛛捕食蛾。

・大姬蛛連續產下好幾個卵囊。

・野外常見不規則網中間有 片枯葉，大姬蛛就躲在裡面。

小檔案

科 名	姬蛛科Theridiidae 希蛛屬
體 長	雄性約4-7mm，雌性約7-8mm
網 形	大部分結不規則網，小部分結籠子形
棲 地	臺灣各地室內、野外

白額高腳蛛

Heteropoda venatoria

別名：白額巨蟹蛛、狩獵巨蟹蛛

白額高腳蛛就是旯犽（ㄌㄚˊ　ㄧㄚˊ），是臺灣最大的徘徊性蜘蛛，喜歡在晚上才出來活動，住在牆壁的隙縫、木板夾縫、桌子抽屜等比較陰暗的地方，會吃蟑螂。牠們在交配後便產卵，母蛛為了保護卵囊，會將卵夾在肚子下面，帶著到處遊走。這種熱帶性蜘蛛，現在遍布全世界，臺灣也是到處都看得到。

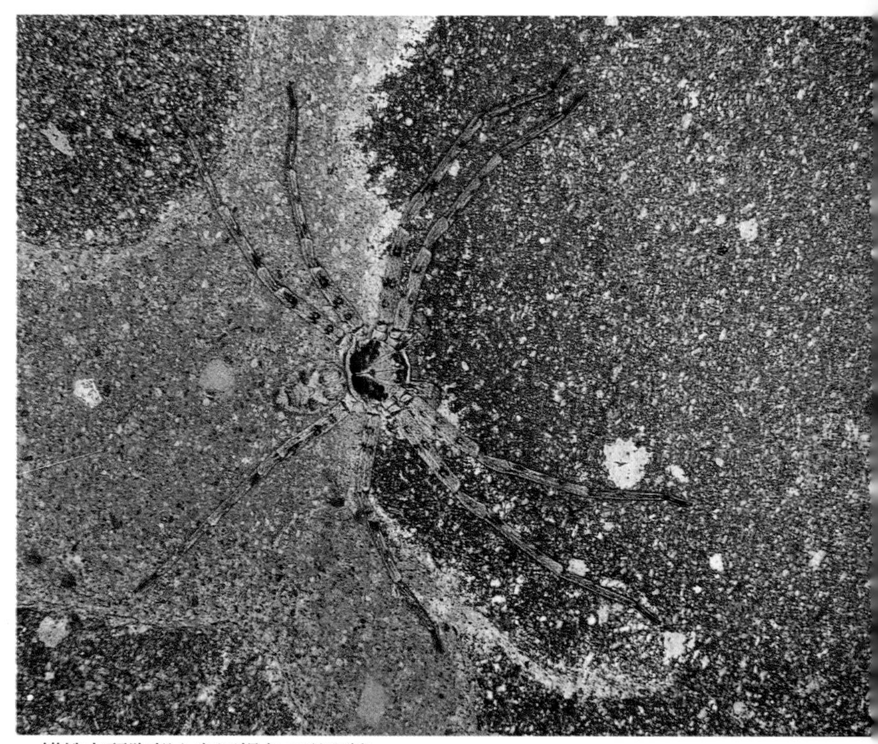

・雄蛛在頭胸部上有深褐色V形斑紋。

·白額高腳蛛棲息在陰暗的縫隙內。

·白額高腳蛛有抱卵遊走的護卵行爲。（雌蛛）

小檔案

科 名	高腳蛛科Heteropodidae 高腳蛛屬
體 長	雄性約15-20mm，雌性約25-30mm
網 形	不結網
棲 地	臺灣各地屋內、野外樹皮岩壁縫中

臺灣擬扁蛛

Selenops formosanus

臺灣擬扁蛛在臺灣的北部比較常見到，全身黃褐色，腹部扁扁平平的，腳上有灰黑色的斑紋。第一對步腳最短，接著是第四對步腳，第二對、三對步腳幾乎一樣長。母蛛會在樹皮裡或牆角產卵，然後守在卵囊旁，一直等到孵化生出幼蛛後才會離開。牠們是不結網的蜘蛛，捉的是比較小的蟲子。

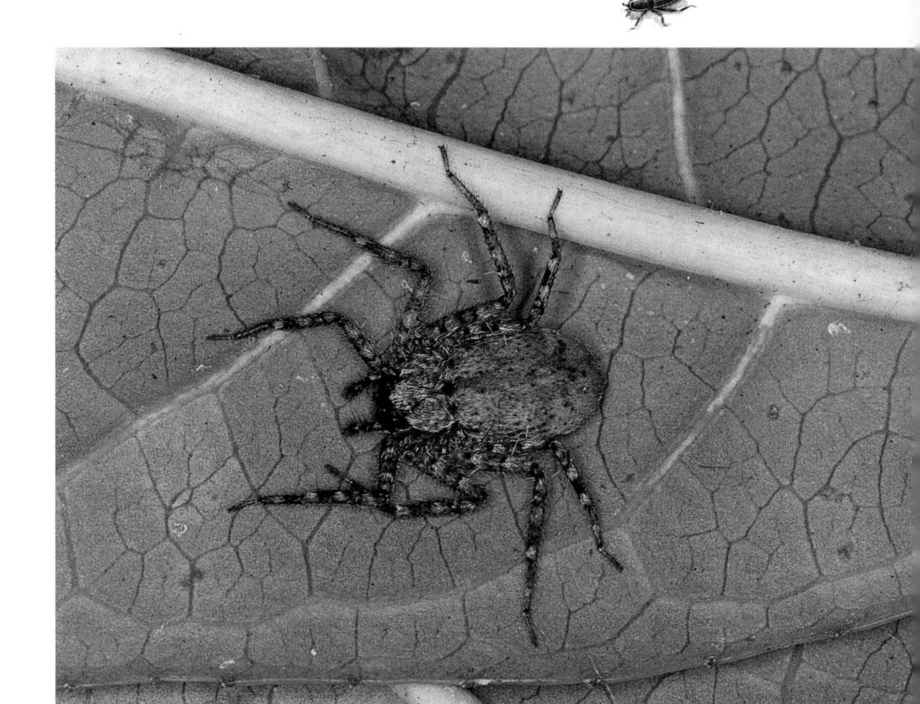

・雌蛛。

・雄蛛。

・雌蛛在牆壁內側產卵，且守在卵囊上護卵。

小檔案

科 名	擬扁蛛科Selenopidae 擬扁蛛屬
體 長	雌性約10mm，雄性不明
網 形	不結網
棲 地	臺灣北部較常見

安德遜蠅虎

Hasarius adansoni

別名：花蛤沙蛛

安德遜蠅虎喜歡房子的牆壁和窗門等陽光明亮的地方，一般我們常看見的是雄蛛。雄雌安德遜蠅虎身體的顏色差別很大，雄蛛的頭部和腹部都是黑色的，在腹部上有一個月牙形的白色橫帶和一對白斑（雌的較淡），膝節和脛節也有非常明顯的白毛；雌蛛全身是深深淺淺的褐色，眼睛周圍是黑色，胸部有白毛，步腳也有白毛和刺。安德遜蠅虎在行走時經常會舞動牠那白色的觸肢，如果受到驚動，還會將觸肢橫放在頭的前面，擺個八字形的樣子來嚇唬敵人呢！

· 安德遜蠅虎會結薄薄的帳幕網當作居住和產卵室。

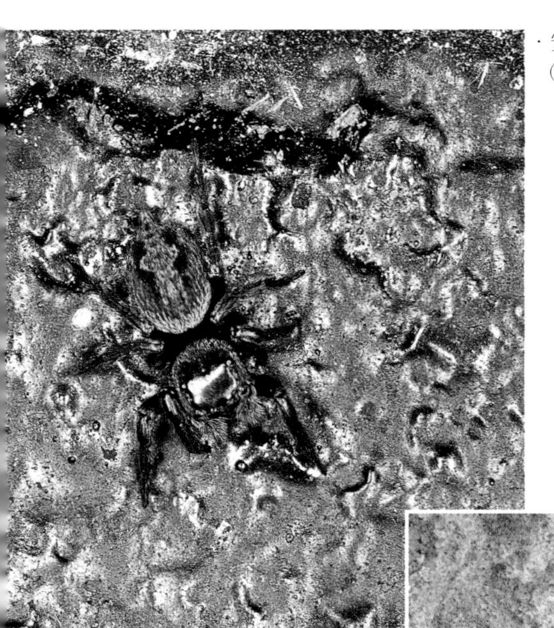

・安德遜蠅虎常室內跳來跳去。（雌蛛）

・安德遜蠅虎雌雄身體的顏色不同。（雄蛛）

小檔案

科名	蠅虎科Salticidae 蛤沙蛛屬
體長	雄性6-7mm，雌性約8mm
網形	不結網
棲地	室內牆角、野外都看得到

褐條斑蠅虎

Plexippus paykulli

別名：茶色條斑蠅虎、黑色蠅虎

褐條斑蠅虎最會用跳躍的方式來捕捉昆蟲。產卵的時候，會在天花板或門窗等比較暗的地方，築一個像棉花一樣的產房，將卵產在裡面；而脫皮的時候，則會築一個薄的帳幕將自己藏在裡頭。褐條斑蠅虎的背甲是黑色的，中間有白色的條紋斑，如果是雄蛛，白色的條紋斑會一直延伸到頭部的前端，而雌蛛則只延伸到胸部。仔細看褐條斑蠅虎的腳，第四對腳比第三對腳長喔。

· 雄蛛。

· 雄蛛捕食他科蜘蛛。

· 雌蛛會織出像棉花一樣的產房，然後在裡頭產卵。

小檔案

科 名	蠅虎科Salticidae 蠅虎屬
體 長	雄性約9-10mm，雌性約10-12mm
網 形	不結網
棲 地	臺灣各地的室內牆角、野外都看得到

白鬚扁蠅虎

Menemerus fulvus

別名：白鬚蠅虎、濁斑扁蠅虎

白鬚扁蠅虎喜歡徘徊在門窗板上，身體的顏色和環境相似，不但是最好的保護色，也是防禦敵人或是捕食昆蟲的最佳武器呢！仔細觀察白鬚蠅虎，會發現牠們的前腳又粗又大，腿節特別粗壯，在第一對步腳的脛節下面有三對刺，通常都會有一對少了一根刺，而在第二步腳的脛節下面卻沒有刺，或只有一至兩根刺而已。

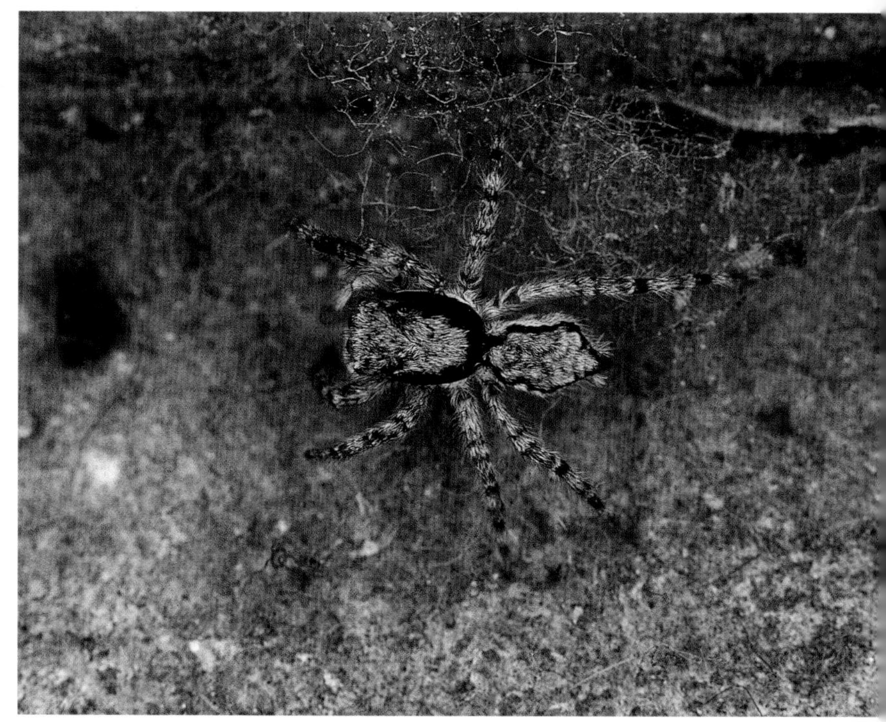

・雌蛛（未成熟）。

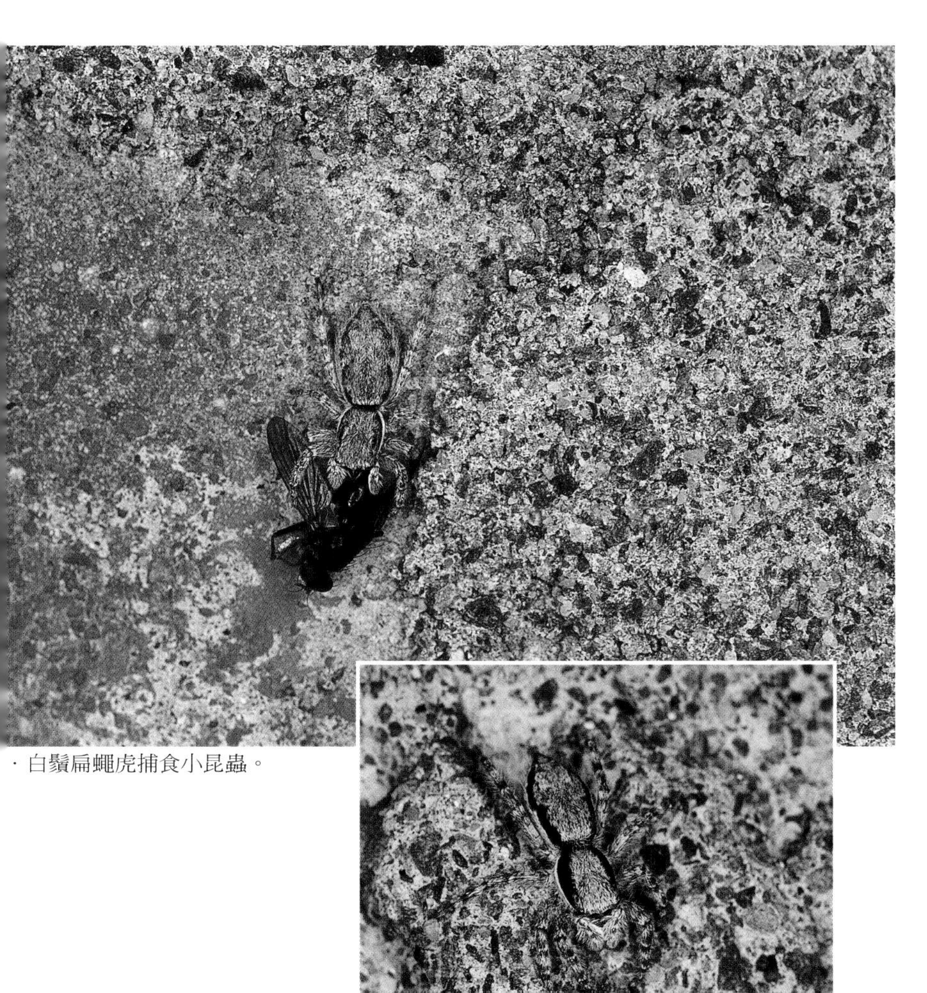

· 白鬚扁蠅虎捕食小昆蟲。

· 白鬚扁蠅虎的體色和環境相近，具保護色作用。

小檔案

科 名	蠅虎科Salticidae 扁蠅虎屬
體 長	雄性約7mm，雌性約9mm
網 形	不結網
棲 地	臺灣各地的室內牆角、野外樹幹上

屋外庭園校園蜘蛛

簷下姬鬼蛛

Neoscona nautica

別名：嗜水新圓蛛

大部分的簷下姬鬼蛛是住在房子的周圍，但是在野外也看得到的。因為牠們通常會在屋簷下織網，所以被命名為簷下姬鬼蛛。通常白天牠們會躲在網絲的旁邊，晚上才出來活動，當然也有整天都住在網上的。讓人想不到的是，牠們在織新網之前，一定會先破壞舊網。

· 簷下姬鬼蛛白天躲在蛛網旁的葉子裡。

·雌蛛。

·雌蛛。

小檔案

科名	金蛛科Araneidae 姬鬼蛛屬
體長	雄性約6-7mm，雌性約9-11mm
網形	圓網
棲地	臺灣各地屋外、校園、野外

大腹鬼蛛

Araneus ventricosus

大腹鬼蛛的大小、身體的顏色因個體不同都不一樣，在郊外或房子的周圍很容易發現牠們的蹤跡。牠們通常傍晚時結網，到了隔天的早上就不要這個網了，但是隨著蜘蛛逐漸長大，因為性別差異和溫度變化，就不一定會是這樣的結網模式了。

· 大腹鬼蛛體色與環境相近，藉以躲避天敵。（雌蛛）

·大腹鬼蛛屬於夜行性，白天躲樹上。

·雌蛛。

小檔案

科名	金蛛科Araneidae 鬼蛛屬
體長	雄性約10-16mm，雌性約17-29mm
網形	圓網
棲地	臺灣各地野外、樹叢間

變異渦蛛

Octonoba varians

變異渦蛛的第一對步腳特別長、特別粗，是很常看到的蜘蛛。牠們會在校園的排水溝內，馬路的鐵蓋上，或是陰暗的床底下、桌子底下等地方結網，因為蜘蛛網絲很細，除非特別注意，否則很難發現牠們。但是又因為牠們結的網，在中間有漩渦形的白色隱帶或一字形的白色隱帶，只要稍加注意還是可以發現牠們的。

・變異渦蛛側面。（雌蛛）

・變異渦蛛結一字形白帶圓網。

・變異渦蛛結典型螺旋形白帶圓網。

小檔案

科名	渦蛛科Uloboridae 渦蛛屬
體長	雄性約4-5mm，雌性約5-6mm
網形	圓網
棲地	臺灣各地室內外低矮陰暗處

乳頭棘蛛

Thelacantha brevispina

別名：乳突棘腹蛛

乳頭棘蛛這個名字怎麼來的呢？因為乳頭棘蛛的腹部有六個棘，這些棘的樣子很像乳頭，所以才會取這樣的名字。乳頭棘蛛體色差異很大，身體腹部的彩斑紋有褐色、黑褐色和黑色三種顏色，在野外比較常看到是黑褐色斑紋的乳頭棘蛛。牠們通常會在樹枝間結網。

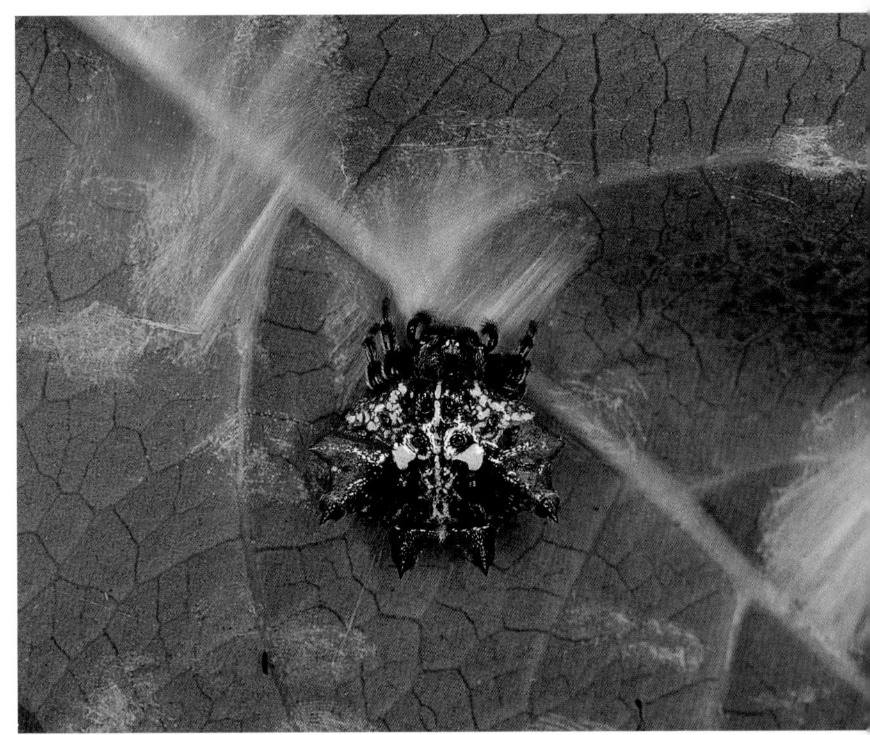

・乳頭棘蛛背部有一對圓形白色筋點。（雌蛛）

・乳頭棘蛛會結完全圓網。

・黑色型乳頭棘蛛。

・雄蛛在交配季節才看得到。

小檔案

科 名	金蛛科Araneidae 棘蛛屬
體 長	雄性約2mm，雌性約6-9mm
網 形	完全圓網
棲 地	臺灣各地果園、灌木叢間

古氏棘蛛

Gasteracantha kuhlii

別名：庫氏棘腹蛛、枯氏棘腹蛛、棘蛛

古氏棘蛛腹部兩側向外有突出成對的棘，會在距離地上1.5公尺以上的樹枝間結垂直圓網，卵也是產在樹幹上，卵囊是金黃色或褐色的。

・雌蛛（黑白斑紋）。

・雌蛛（深褐白斑紋

·凸氏棘蛛結完全圓網。

小檔案

科 名	金蛛科Araneidae 棘蛛屬
體 長	雄性約2mm，雌性約6-8mm
網 形	垂直圓網
棲 地	臺灣各地灌木叢間

泉字雲斑蛛

Cyrtophora moluccensis

別名：泉字斑蜘蛛、皿雲斑蛛

泉字雲斑蛛是庭院中最常見到的蜘蛛之一。牠們有集體結網的特性，有時十幾隻在同一個地方結網，然後利用網上許多直直橫橫的蛛絲（支持絲），讓大家的網連在一起。牠們將卵產在網的中央，有時會將三到四個卵囊黏在一起，在野外很容易見到這種情形。

・頭胸部爲橙紅色。（雄蛛）

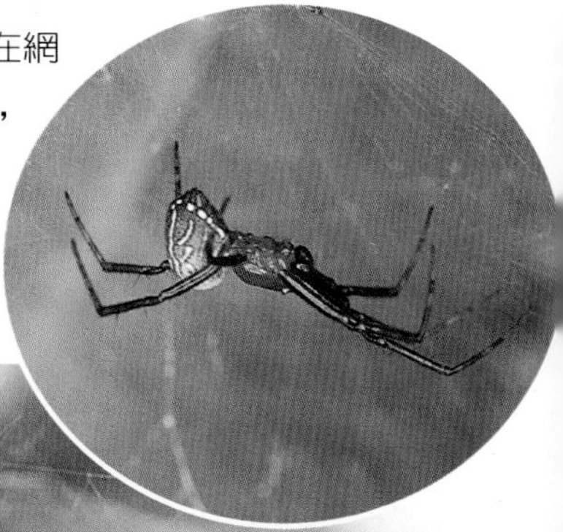

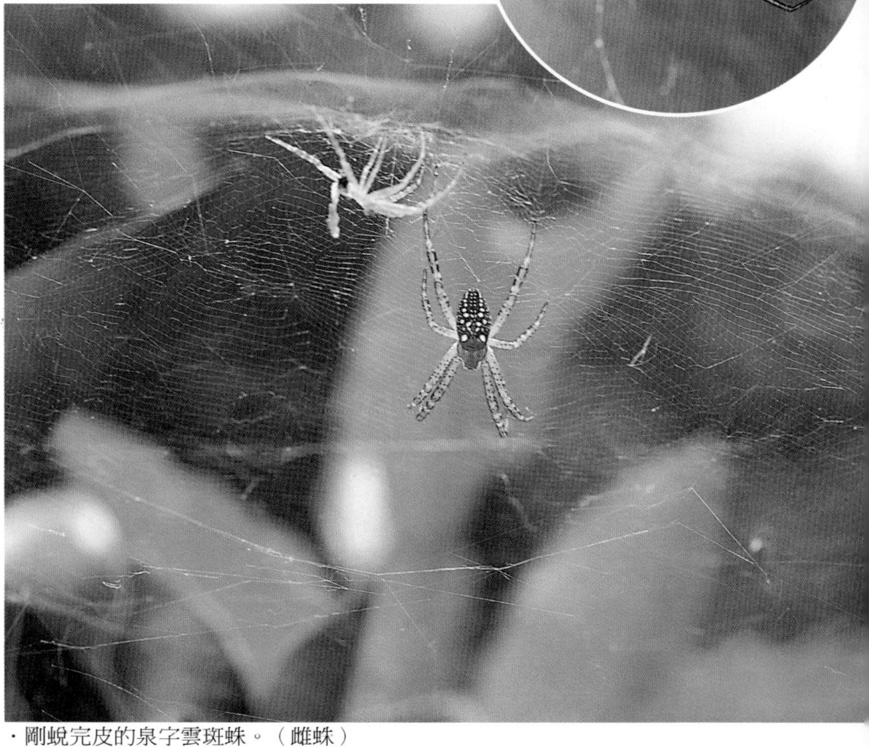

・剛蛻完皮的泉字雲斑蛛。（雌蛛）

・雌泉字雲斑蛛，將卵囊包裹在像棉花般的絲裡。

・泉字雲斑蛛正在產卵。

小檔案

科名	金蛛科Araneidae 雲斑蛛屬
體長	雄性約4-7mm，雌性約14-22mm
網形	變形圓網
棲地	臺灣各地野外、灌木叢間

緣草蛛

Agelena limbata

別名：緣漏斗蛛、草蛛

緣草蛛喜歡住在樹林中，在落葉或石頭下結一個漏斗形的蛛網。牠們會在漏斗口等待獵物，雖然網絲沒有黏性，但是網的上面有許多蛛絲，只要昆蟲飛到網的上方，因為蛛絲的阻擋，行動開始慌亂；這時緣草蛛會不停的拉動蛛絲，讓網不停的振動，使昆蟲更害怕而亂飛亂撞，最後掉在漏斗網上，這時緣草蛛就可以輕易的飽食一頓了。緣草蛛受到外力干擾時，會從漏斗口下面逃走。交配後會在樹枝間產卵，卵囊大多是白色的三角形，雌蛛會守在卵囊旁邊，一直等到幼蛛孵化後才離開。

・緣草蛛結水平漏斗網。（雌蛛）

・雄蛛。

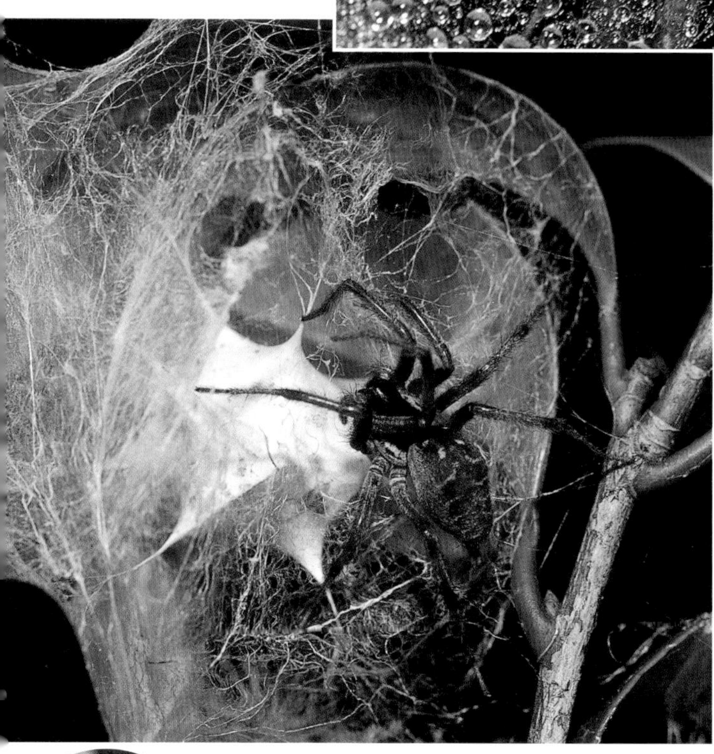

・雌蛛有護卵行爲。

小檔案

科名	草蛛科Agelenidae 草蛛屬
體長	雄性約14mm，雌性約16mm
網形	水平漏斗網
棲地	臺灣各地野外灌木叢、草叢及崖壁上

小草蛛

Agelena opulenta

小草蛛長得跟緣草蛛很像，不過牠們還是有一點點的不一樣。小草蛛身上的毛比較少，背上的縱斑被明顯的放射斑所切斷，而背甲上周邊的顏色是褐色的。腹部下的條斑比緣草蛛狹長，顏色也較深，所結的網小而呈水平，因牠們結的網沒有黏絲，捕捉昆蟲時，就要配合敏捷的動作。小草蛛的習性和緣草蛛一樣，不同的地方是小草蛛的卵囊呈白色圓盤狀，表面黏有小小片的枯葉。

・雌蛛。

・小草蛛棲息在平面漏斗網中與漏斗口，等待獵物。

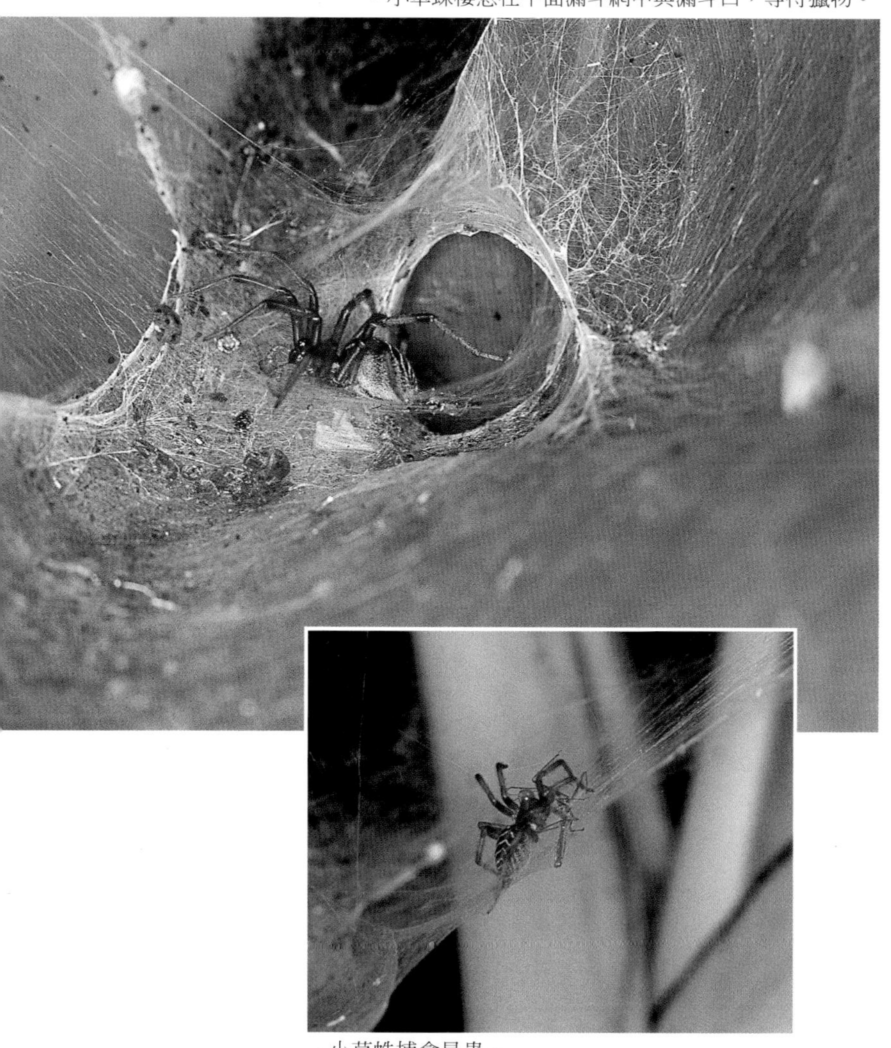

・小草蛛捕食昆蟲。

小檔案

科 名	草蛛科Agelenidae 草蛛屬
體 長	雄性約8mm，雌性約13mm-16mm
網 形	水平漏斗網
棲 地	臺灣各地野外、灌木叢及草叢上

草原蜘蛛

黃姬鬼蛛

Neoscona doenitzi

別名：黃褐新園蛛

黃姬鬼蛛大都在路邊的雜草間結網，織的網各種角度都有，駐網姿勢也會隨著網的傾斜度而改變。白天，通常會在網的支點將葉尖往下折，當做簡單的巢，潛伏在裡面，交配後也將卵產在這裡。

・黃姬鬼蛛駐網在網中央。

·黃姬鬼蛛捕食會飛行的昆蟲。

·黃姬鬼蛛的腹面（雌蛛）。

小檔案

科名	金蛛科Araneidae 姬鬼蛛屬
體長	雄性約7mm，雌性約9mm
網形	圓網
棲地	臺灣各地水田、果園及灌木叢間

寬腹姬鬼蛛

Neoscona fuscocoloratus

寬腹姬鬼蛛是平地與山地間最常見的蜘蛛之一，白天，牠們潛伏在已破壞的網旁的枝葉裡，傍晚時才出來結網，是夜行性蜘蛛。

·寬腹姬鬼蛛結垂直圓網，駐在網中央。

· 同樣是寬腹姬鬼蛛，但是斑紋變異卻很大。（雌蛛）

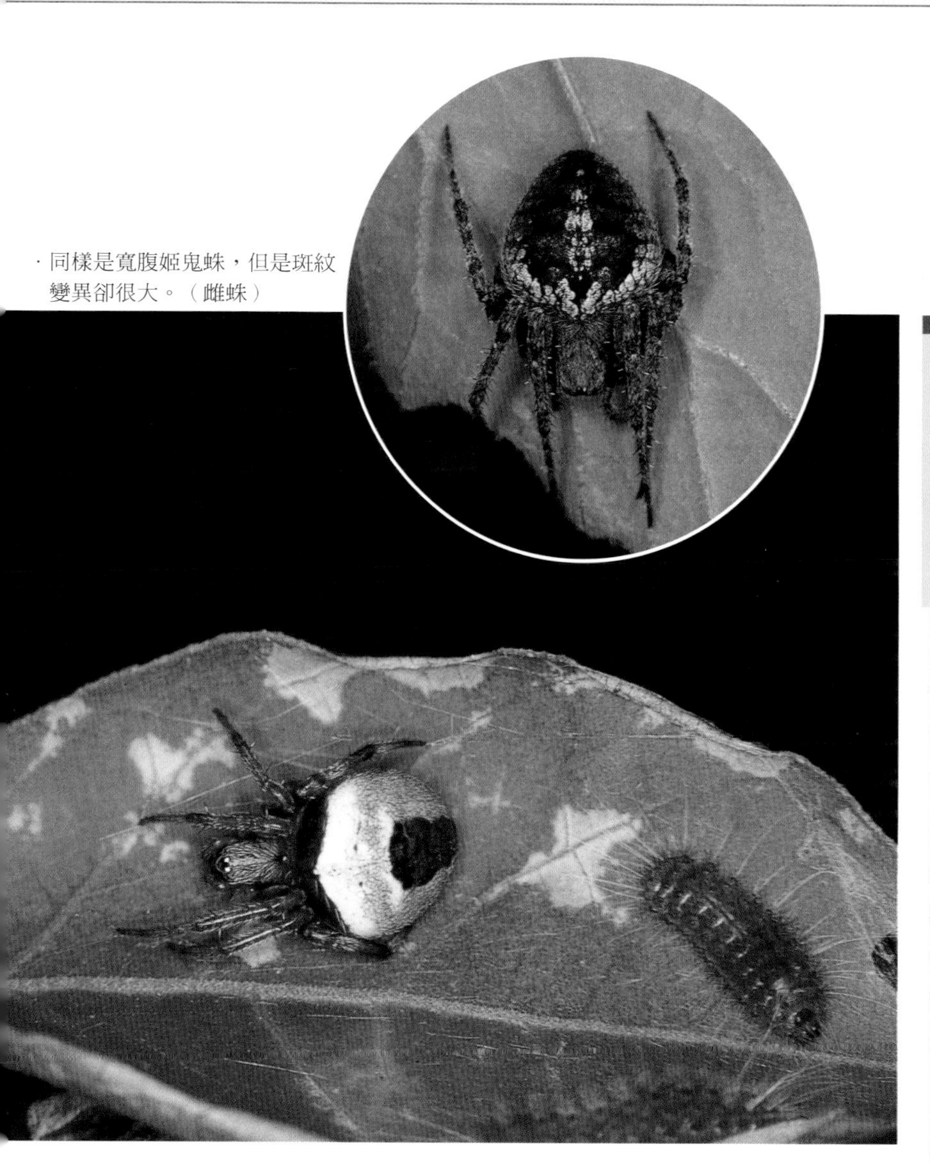

小檔案

科 名	金蛛科Araneidae 姬鬼蛛屬
體 長	雄性約4-6mm，雌性約5-7mm
網 形	圓網
棲 地	臺灣各地的灌木、草叢

眼點金蛛

Argiope ocula

別名：目金蛛

眼點金蛛是較大形的金蛛，頭胸部比其他金蛛窄長，背甲呈灰褐色披有銀白色毛。步腳呈深褐色，腿節上有絨毛，尤其是第三、四對步腳的毛更為濃密。腹部呈長卵圓形，肩部有些微隆起，背面為黃橙色，具有數對筋點，斑紋中最顯著的是兩側眉狀斜紋，每一黑斜紋之後有一白紋相伴。

在步道兩旁的灌木叢間常可以發現牠的蹤影。通常眼點金蛛結圓網，網中央有一字形的白色隱帶，牠常駐在網的中央，頭部朝下，一有動靜時會朝網的上方逃走。

・雌蛛

· 雌蛛抱卵，保護卵囊的安全。

· 眼點金蛛的若蛛。

小檔案

科名	金蛛科Araneidae 金蛛屬
體長	雌性約22.6-28.8mm，雄性不明
網形	圓網
棲地	臺灣北部灌木叢間

長圓金蛛

Argiope aemula

2004/12/26 康樂山

別名：好勝金蛛

長圓金蛛最主要的特徵是腹部呈長卵形，在腹部後方向前三分之一的地方，有十三條排列得很密的波浪狀黑條紋。牠們結網的時候，會用強韌的蛛絲吊在樹枝或草上，遇到危險，會很快的振動身體，然後朝網的上方逃跑。仔細看看，長圓金蛛的腳也是前後兩隻兩隻合攏，然後，像X形一樣往外伸出的，這是金蛛屬的特徵喔。

· 長圓金蛛結X形白帶圓網。

· 長圓金蛛腹面。

· 蛻完皮的長圓金蛛。
（雌蛛）

小檔案

科 名	金蛛科Araneidae 金蛛屬
體 長	雄性約4-6mm，雌性約20-25mm
網 形	白帶圓網
棲 地	山地、平地樹叢間

長銀塵蛛

Cyclosa ginnaga

別名：長腹艾蛛、長腹銀色塵蛛

長銀塵蛛因為腹部背面是銀白色，且帶有黑色斑紋而命名，大都住在山地，結的是圓網，網的中央通常有白色的隱帶，並會在駐網下方以塵埃及昆蟲屍體等做為偽裝。

·長銀塵蛛結白帶圓網。

・長銀塵蛛結白色隱帶，可吸引小昆蟲靠近。（雌蛛）

・長銀塵蛛會把吃剩的屍體或垃圾結於網上，然後躲在裡面當作偽裝。

小檔案

科名	金蛛科Araneidae 塵蛛屬
體長	雄性約4-5mm，雌性約6-8mm
網形	白帶圓網
棲地	臺灣各地樹叢間

黑色金姬蛛

Chrysso nigra

別名：長尾擬姬蛛、長蚷腹蛛

黑色金姬蛛身體的顏色分兩種，全身都是黑色的稱為「黑色型」，只有頭胸部是黑色的則為「紅色型」。牠們的腹部很大，尾巴長又尖，腳是透明的黃色，住在竹林中，會在樹葉下面結網。雌黑色金姬蛛跟斜紋貓蛛一樣有護卵、護幼蛛的習性，在野外，常常會看到母蛛帶著許多幼蛛。（因為牠們體形很小，所以看到的是一個黑點帶著很多小黑點）

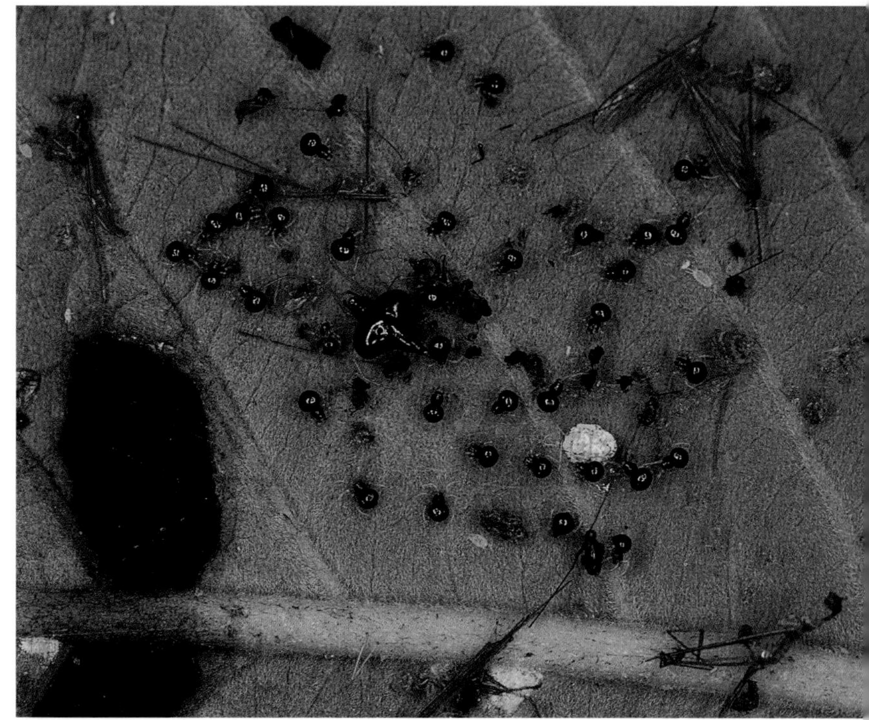

· 黑色金姬蛛有護卵、護幼蛛的行為。

· 黑色型。（雌蛛）

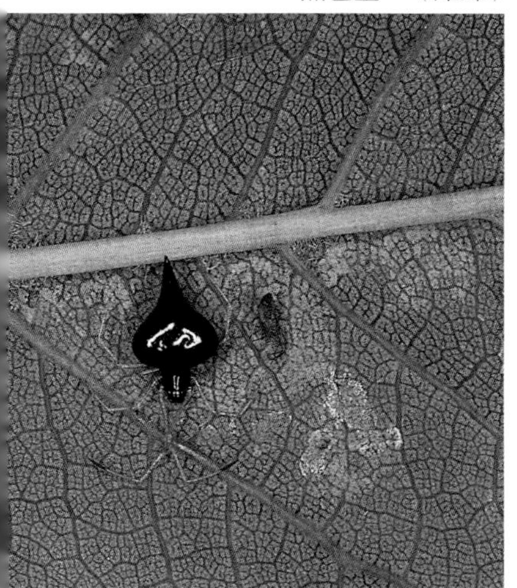

· 黑色型。（雄蛛）

· 紅色型。（雌蛛）

小檔案

科 名	姬蛛科Theridiidae 金姬蛛屬
體 長	雄性約3-5mm，雌性約3-4mm
網 形	不規則網
棲 地	臺灣各地溪邊或潮濕地形的樹叢裡面

日本姬蛛

Achaearanea japonica

別名：日本球腹蛛、姬球腹蛛

日本姬蛛是很常見的蜘蛛，到處都可以看見。牠們在樹枝間結網，網是由一個在下方的水平網，和一個在上方的不規則網組成的。觀察時，會發現在不規則網的上方橫掛著一片枯葉，日本姬蛛就住在裡面。牠們產卵的時候，枯葉會改成縱向掛著，枯葉的上方是居住和放卵囊的地方，卵囊是紫色。

．日本姬蛛在枯葉中產下數個卵囊。

‧日本姬蛛居住在不規則網中的枯葉內。

‧不同體色的日本姬蛛。（雌蛛）

小檔案

科名	姬蛛科Theridiidae 姬蛛屬
體長	雄性約2-3mm，雌性約4.5mm
網形	不規則網
棲地	臺灣各地的野外、樹叢

白緣蓋皿蛛

Neriene albolimbata

別名：白緣蓋蛛、白緣皿蜘

白緣蓋皿蛛會在比較陰暗，而且距離地面大約20～40mm的地方，結一個直徑 9 ～12cm的倒皿網。牠們的胸板上有很多突起的顆粒，每一個顆粒上都長一根毛，步腳很粗大而且還長了許多刺，在腹部呈灰褐色帶點白點，上面有一些不同形狀的斑紋。雄蛛的腹部比雌蛛小，斑紋的顏色也比較淡。

· 白緣蓋皿蛛交配（右：雌、左：雄）。

・雌蛛。

・白緣蓋皿蛛捕食小昆蟲。

小檔案

科名	皿蜘科Linyphiidae 蓋蛛屬
體長	雄性約3.62mm，雌性約4.43mm
網形	皿網
棲地	臺灣各地灌木、草叢等枝葉間

2014 5/8. 鼻頭角 望同坡

長疣馬蛛

Hippasa holmerae

別名：長疣狼蛛、猴馬蛛

長疣馬蛛結的網像漏斗一樣，網的四周用蛛絲吊在草上，所以網看起來有點凹下去的樣子，牠們結網的大小和草的高矮有關。長疣馬蛛經常會停留在網的管狀的地方，當小蟲落在草葉上時，吊在草葉上的蛛絲就會振動，長疣馬蛛就會馬上跑出來，從網上跳起來，將小蟲咬住，拉到牠住的地方。仔細觀察長疣馬蛛的腳，你會發現牠們的第四對步腳最長，然後依序是第一、二、三對步腳。

・長疣馬蛛在石頭下結管狀網。

· 長疣馬蛛結網在低矮叢，網爲水平漏斗網。

· 長疣馬蛛常駐守在網上。

小檔案

科 名	狼蛛科Lycosidae 馬蛛屬
體 長	雄性約9mm，雌性約10mm
網 形	漏斗網
棲 地	臺灣各地的野外、草叢、崖壁

橫疣蛛

Hahnia corticicola

別名：樹皮柵蛛、栓柵蛛

橫疣蛛因在腹部末端有六個絲疣排成一個橫列而命名。牠們會在路旁地面的凹處，結很小的棚網。因為結的網實在太小了，所以很不容易被發現，如果你早點兒起床，趁著晨露還沒有乾的時候，藉著陽光的反射，就比較容易看得到了。

· 橫疣蛛因六個絲疣橫排成一列而得名。（雌蛛）

·橫疣蛛貼近地面結平面棚網。

·橫疣蛛結的網網面很小，如果沒有水珠很難發現。

小檔案

科名	橫疣蛛科Hahniidae 橫疣蛛屬
體長	雄性約2mm，雌性約3mm
網形	棚網
棲地	臺灣各地野外農田、草叢等地面

草原步道蜘蛛

三突花蛛
Misumenops tricuspidatus

三突花蛛頭胸部通常是綠色，腹部像水梨的形狀一樣前窄後寬，背部是黃白或金黃色，上面還有紅棕色的斑紋，有時候身體顏色會隨著環境而改變。三突花蛛會在草叢裡，或花瓣上守株待兔等待捕捉獵物。

·三突花蛛正逐枝、逐葉的尋找有利位置捕捉小昆蟲。（雌蛛）

・三突花蛛的體色與環境相近，具有隱蔽的作用，有利於捕食獵物。

・三突花蛛雌蛛體色變化很大。

小檔案

科 名	蟹蛛科Thomisidae 花蛛屬
體 長	雄性約2.5-4㎜，雌性約5-6㎜
網 形	不結網
棲 地	臺灣各地花草叢及農田中

日本花蛛

Misumenops japonicus

日本花蛛的體形，就像兩個大小不同的圓球串在一起。花蛛喜歡住在葉子上，並且常常在花穗附近徘徊，等著捕捉昆蟲。牠們頭胸部和步腳都是較深的綠色，第一對步腳很粗壯；腹部背面有褐色的斑紋，上面可以看見明顯的黑色筋點。

・日本花蛛腹部上有明顯的黑色筋點。（雌蛛）

・雌蛛。

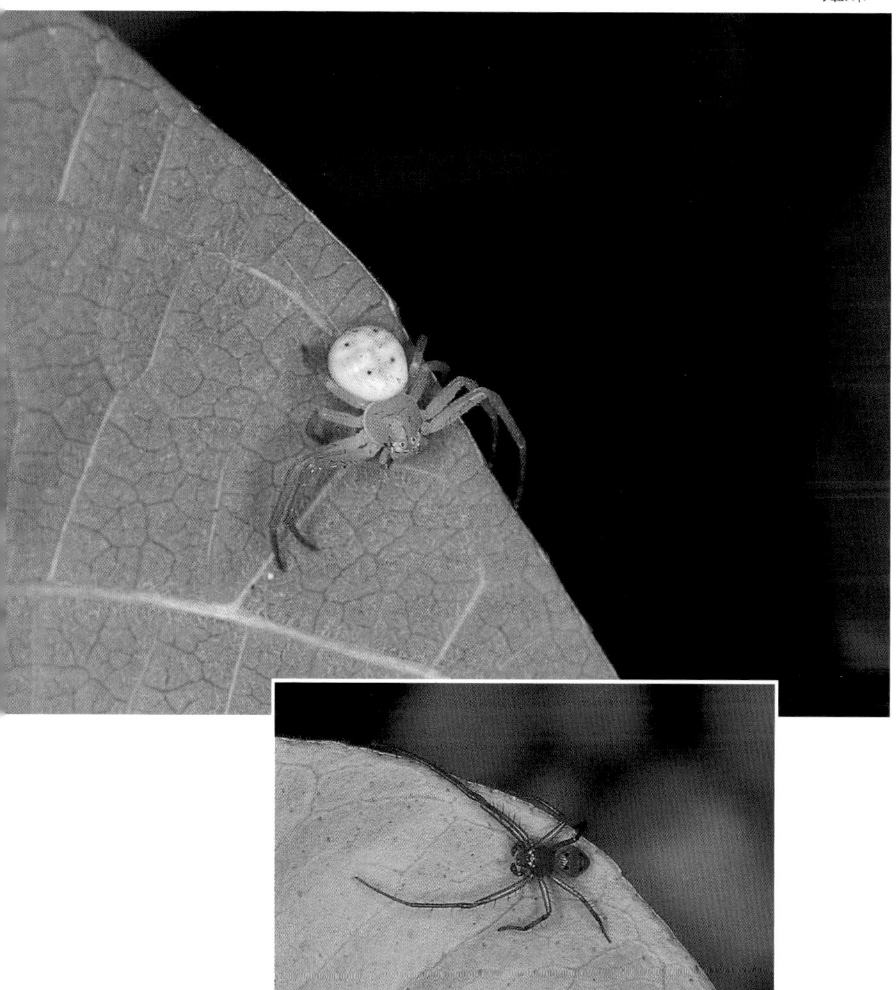

・雄蛛。

小檔案

科名	蟹蛛科Thomisidae 花蛛屬
體長	雄性約3-4mm，雌性約4-6mm
網形	不結網
棲地	臺灣各地花草間及灌木叢中

三角蟹蛛

Thomisus labefactus

別名：角紅蟹蛛、三角蜘蛛

三角蟹蛛因頭胸上的三角形標記而得名。仔細看看三角蟹蛛的頭胸部和腹部，頭胸部是圓形，腹部是梯形，很特別吧！雄蛛身體上的顏色非常鮮豔，雌蛛身體的顏色則是以白色和褐色為主，常常在花瓣附近等待獵捕昆蟲。母蛛產卵時會將葉子捲起來當產房，在裡面產卵，並且守在卵囊旁邊保護著卵。

・雌蛛（黃色型）

・三角蟹蛛的雄蛛爲紅色（上），雌蛛顏色變異較多（下）。

・雌蛛有護卵行爲。

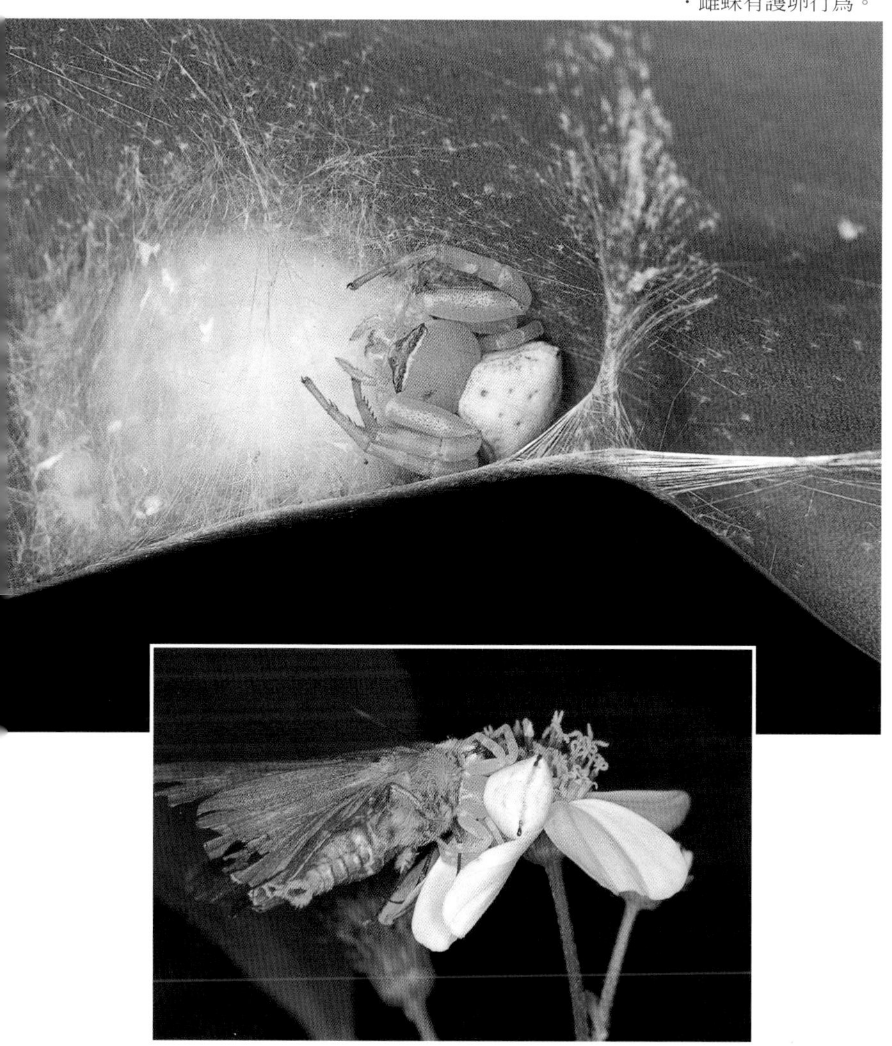

・三角蟹蛛捕食蝴蝶。

小檔案

科 名	蟹蛛科Thomisidae 蟹蛛屬
體 長	雄性約2.2-3.3mm，雌性約6-8.5mm
網 形	不結網
棲 地	臺灣各地花草叢間

嫩葉蛛

Oxytate striatipes

別名：平行綠蟹蛛

雌嫩葉蛛全身都是淡綠色，腹部的後半部有黑色的毛，完全成熟的雌嫩葉蛛腹部會帶一點桃紅色。嫩葉蛛大都在嫩葉上面等待昆蟲，在等待時，第一、二對步腳會像八字形一樣打開，當牠感覺到有昆蟲靠近，就會慢慢的左右擺動，準備捕捉昆蟲。

．嫩葉蛛身體的顏色是綠色，這是很好的保護色。（雌蛛）

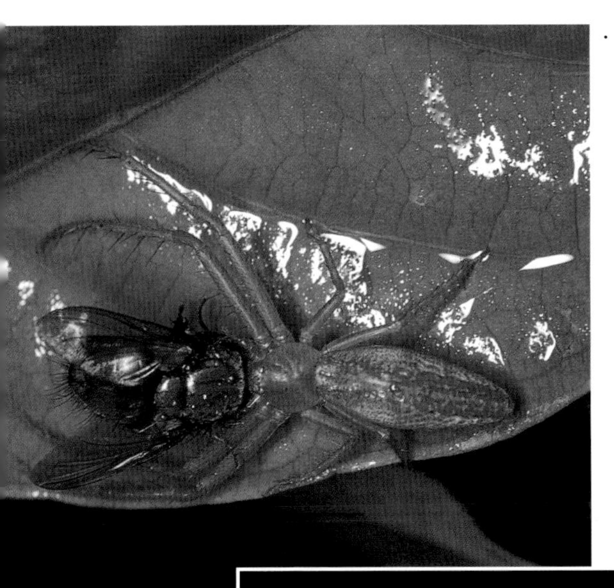

・嫩葉蛛正在捕食蒼蠅。

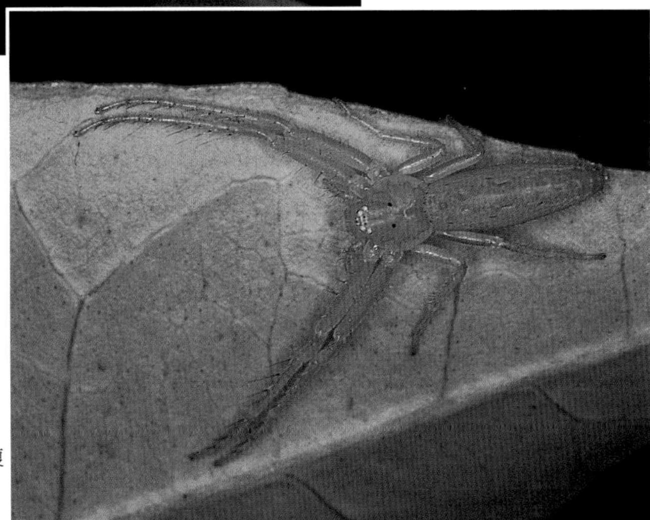

・成熟的雌嫩葉蛛腹部略帶桃紅色。

小檔案

科 名	蟹蛛科Thomisidae 綠蟹蛛屬
體 長	雄性約8mm，雌性約12-13mm
網 形	不結網
棲 地	臺灣各地灌木的葉背上都看得到

裂突峭腹蛛

Tmarus rimosus

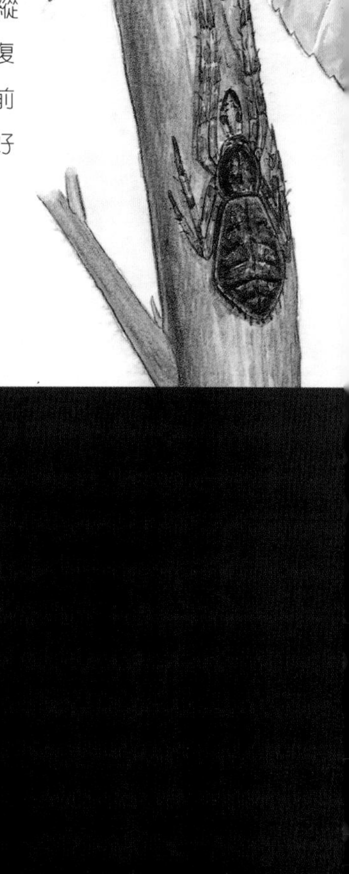

裂突峭腹蛛腹部的背面是深灰色，中央有縱帶，後方有三至四對的黑色橫帶。當裂突峭腹蛛靜止不動的時候，第一和第二對步腳會往前伸直，乍看之下很像樹幹上的樹節，這是很好的擬態功夫。

・裂突峭腹蛛靜止時，前兩對步腳會向前伸直（雌蛛）。

・雌蛛在葉上結薄薄的帳幕網，將卵產在裡面。

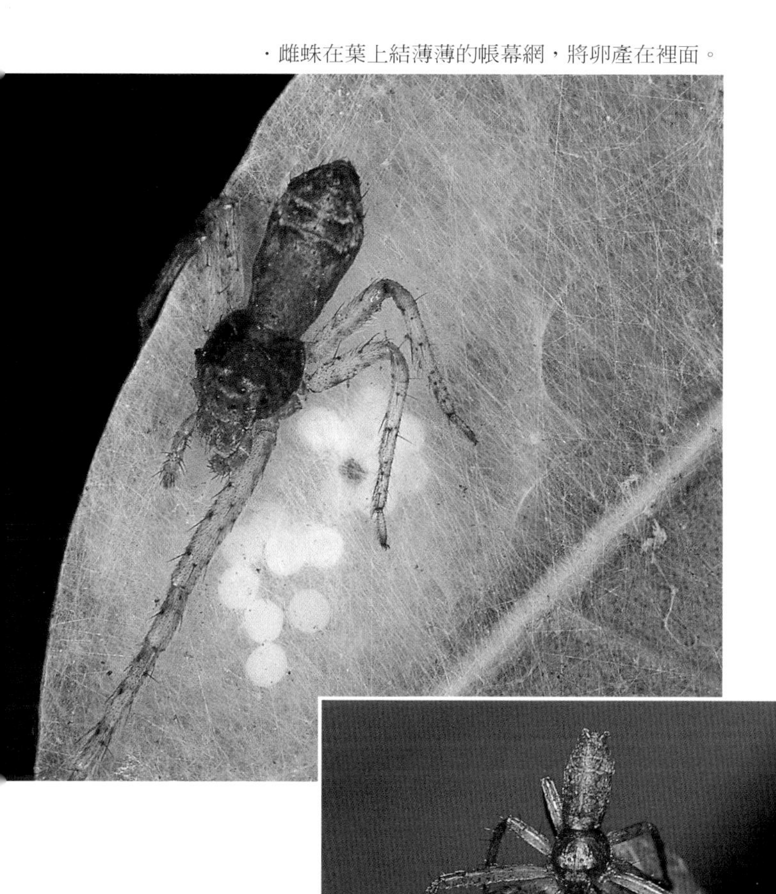

・雄蛛。

小檔案

科 名	蟹蛛科Thomisidae 峭腹蛛屬
體 長	雄性約5-6mm，雌性約6-7mm
網 形	不結網
棲 地	臺灣各地灌木叢中

粗腳條斑蠅虎

Evarcha crassipes

粗腳條斑蠅虎因為第一、二對步腳特別粗壯而命名，黃色的步腳上有褐色的輪紋，牠們經常在草叢和農舍的牆壁上徘徊。

・雌蛛。

・我們很容易在野外發現蠅虎。

・雌蛛。

小檔案

科 名	蠅虎科Salticidae 條斑蠅虎屬
體 長	雌雄皆為13-14mm
網 形	不結網
棲 地	臺灣各地都看得到

眼鏡黑條蠅虎

Phintella versicolor

別名：多色菲蛛

眼鏡黑條蠅虎雌雄蛛在體形上差不多，但是顏色就有很大的不同了，常常會讓人誤以為牠們是不同種的。雌蛛的體色以白色為主，上面有褐斑紋，步腳各節的末端有黑色環紋；雄蛛的背甲具有光澤而且呈紅褐色，腹部的正中央有縱黑條斑，步腳是褐色的，前腳顏色較深，後腳顏色較淡。牠們通常出現在野外的草原或樹上，並且將產房築在樹葉中。

・眼鏡黑條蠅虎雌蛛和雄蛛在顏色上差異很大。（雄蛛）

・眼鏡黑條蠅虎頭胸部上的斑紋就是牠名字的由來。

・眼鏡黑條蠅虎正捕食蠅類。（雌蛛）

小檔案

科名	蠅虎科Salticidae 菲蛛屬
體長	雄性約4.5-6mm，雌性約5.2-6.5mm
網形	不結網
棲地	臺灣各地的草叢、地面、樹幹上

寬胸蠅虎

Rhene atrata

寬胸蠅虎的腳粗粗短短的，第一對步腳很粗大，尤其是腿節的地方特別粗，而且是黑色的；其他的步腳則是褐色，在腳的各節末端有褐色的環紋；腹部後面有三條由白毛形成的細橫紋。雄蛛全身是黑色的，頭胸腹部的邊緣都有紅色的斑紋，雌蛛身體的顏色則是褐色的。寬胸蠅虎喜歡徘徊在野外的樹葉上，常常可以看到牠們的頭胸部在左右轉動。

・雄蛛。

・寬胸蠅虎捉到比牠體形大很多的竹節蟲。

・雌蛛。

小檔案

科 名	蠅虎科Salticidae 雷蛛屬
體 長	雄性約4-5mm，雌性約7-8mm
網 形	不結網
棲 地	臺灣各地灌木叢及草叢中

黑色蟻蛛

Myrmarachne innermichelis

黑色蟻蛛因為身體細細長長，長得很像螞蟻而得名，常徘徊在野外的草叢或樹葉上。牠們的頭、胸部之間因頸溝深陷而形成頸縊，腹部頸縊也很大。別以為黑色蟻蛛一定都是黑色的，其實牠們身體的顏色變化很大，只是以黑褐色的較多。

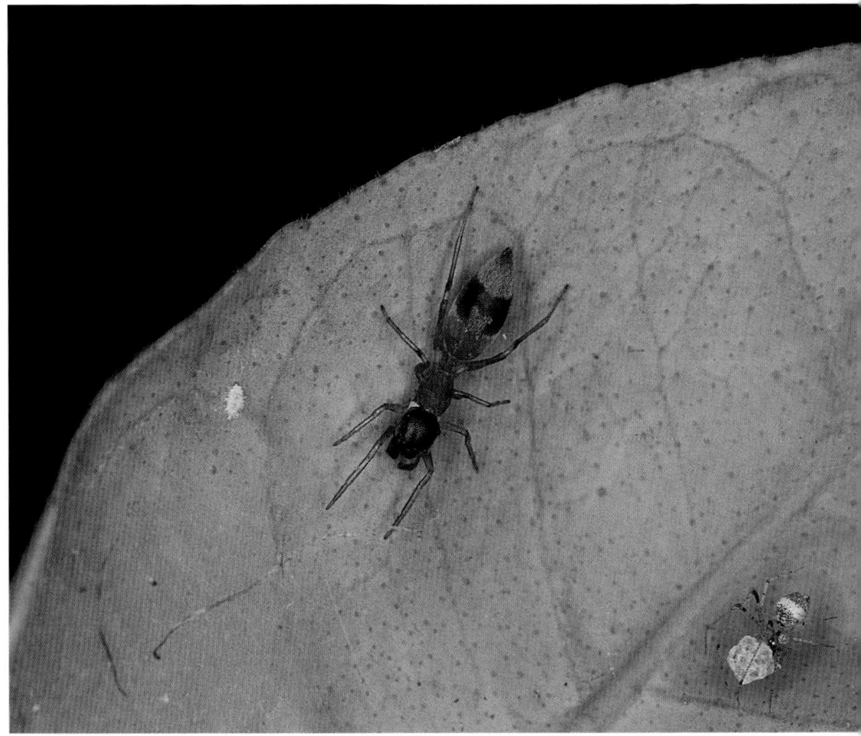

・黑色蟻蛛體色不一定是黑色的。

· 黑色蟻蛛雄蛛的螯肢特別粗大。

· 黑色蟻蛛的體形和螞蟻很像。（雌蛛）

科 名	蠅虎科Salticidae 蟻蛛屬
體 長	雄性約4-5mm，雌性約5-6mm
網 形	不結網
棲 地	臺灣各地灌木叢及草叢中

日本蟻蛛

Myrmarachne japonica

日本蟻蛛常徘徊在野外的草叢或樹葉上，牠的頭胸部之間因頸溝深陷而形成的頸縊，沒有像黑色蟻蛛那麼深，身體的顏色大都是紅褐色的。日本蟻蛛會在樹葉上築一個像帳幕的產房，然後把卵產在裡面。

・日本蟻蛛雌蛛的身體細長，像螞蟻。

·日本蟻蛛會在竹葉內結薄薄的網，當作居住巢或卵室。

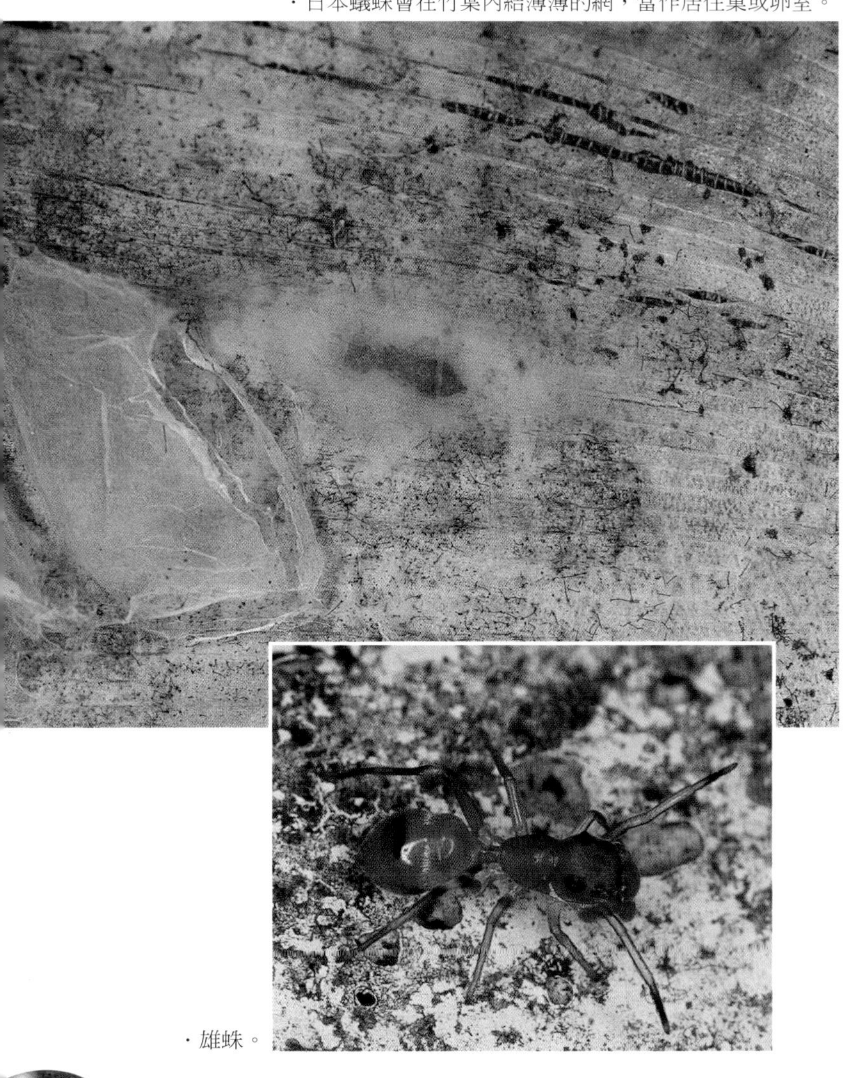

·雄蛛。

小檔案

科名	蠅虎科Salticidae 蟻蛛屬
體長	雌雄皆為6-7mm
網形	不結網
棲地	臺灣各地草叢及灌木叢中

大蟻蛛

Myrmarachne magnus

大蟻蛛在頭胸部之間因頸溝深陷而緊縊，可以很明顯的看出來分成兩個部分，牠們常徘徊在野外的草叢或樹葉上。大蟻蛛的背甲和腹部上面有白色的毛，第一對步腳上生有六個強大的剛刺，是牠們的一大特徵。

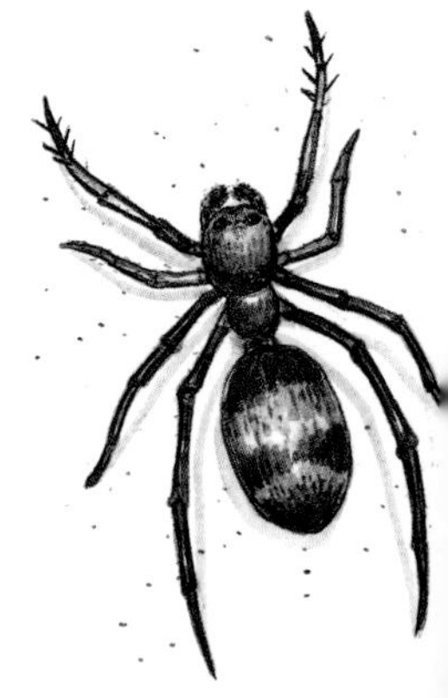

· 大蟻蛛正在捕食昆蟲。

・大蟻蛛的外形和
螞蟻很像。

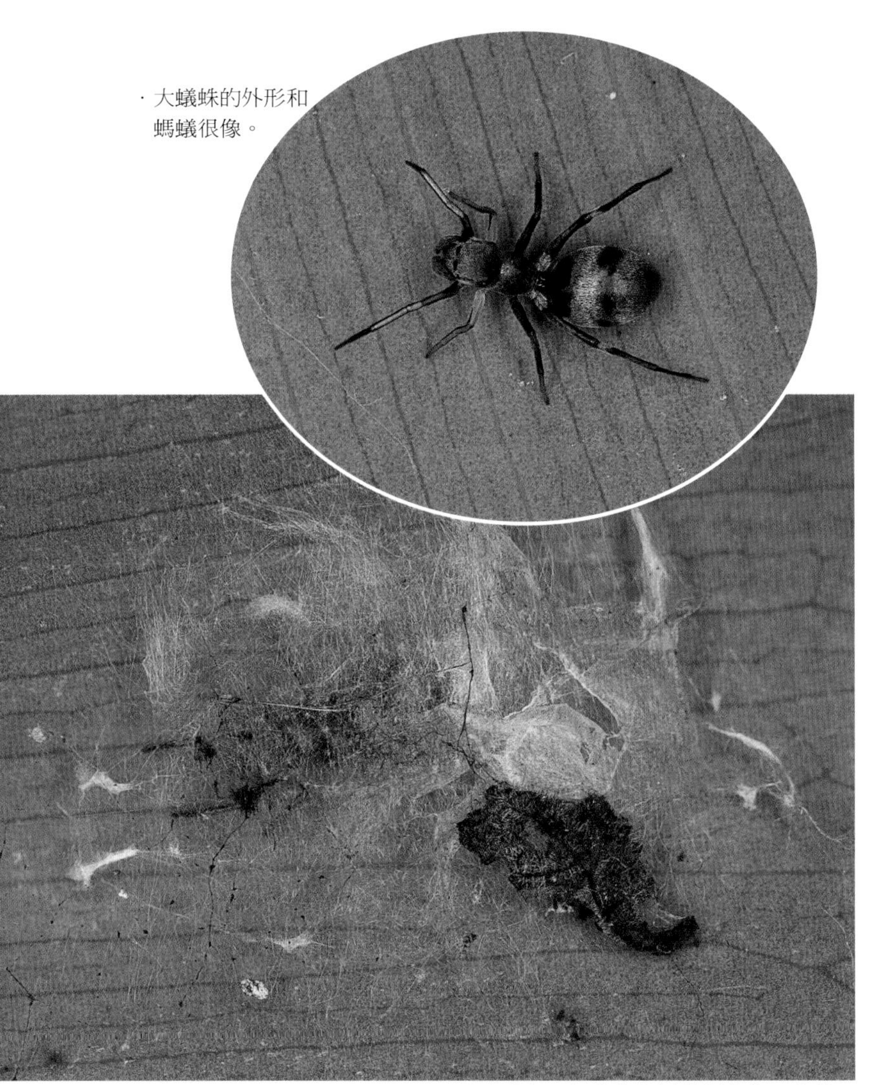

・大蟻蛛在葉背上結薄薄的帳幕網當作居住巢。

小檔案

科 名	蠅虎科Salticidae 蟻蛛屬
體 長	雄性約10mm，雌蛛不明
網 形	不結網
棲 地	臺灣各地的灌木叢中

星豹蛛

Pardosa astrigera

星豹蛛頭胸部中央有黑褐色條斑，條斑的中央還有T字形黃斑；步腳是黃褐色且有暗褐色環紋，以第四對步腳最長；腹部下面有V字形黃斑。所有狼蛛屬蜘蛛該有的特徵，在星豹蛛身上完全看得見。在乾燥的地方和草原常可以看見星豹蛛，牠們的卵囊由上下兩半的球形合成，附在雌蛛的絲疣上，隨著雌蛛四處移動，孵化後的幼蛛，也會暫時由雌蛛背著到處走。

・星豹蛛黃褐色的腳上有暗褐色環紋。

·星豹蛛喜歡乾燥的環境。

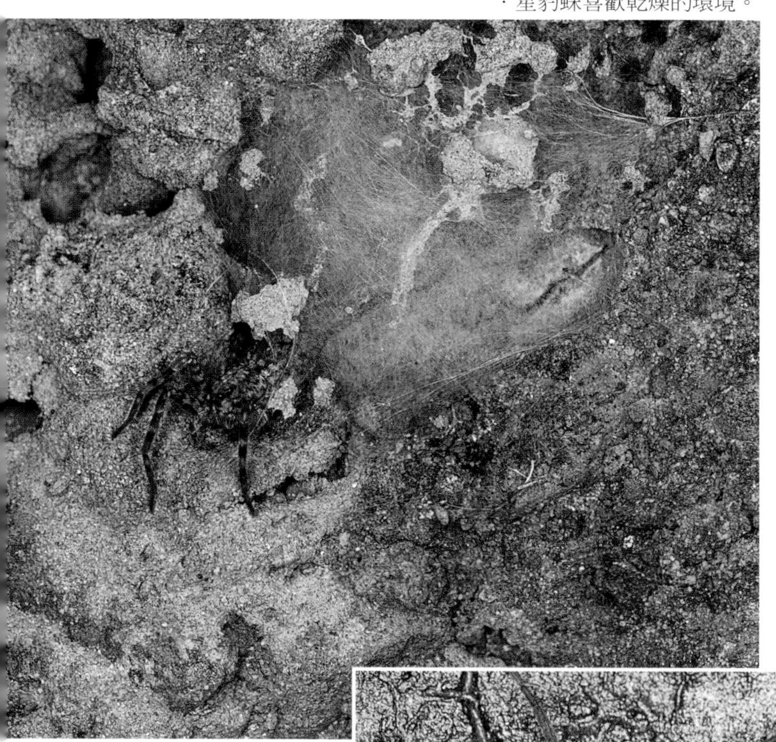

·雌蛛。

小檔案

科名	狼蛛科Lycosidae 豹蛛屬
體長	雄性約5-8mm，雌性約7-10mmm
網形	不結網
棲地	臺灣各地都看得到

溝渠豹蛛

Pardosa laura

・雌蛛具護卵行爲，以絲把卵囊黏在腹部下方四處遊走。

溝渠豹蛛的背甲是黑褐色或黑色，在眼睛後面有一條黃褐色或紅褐色縱帶；胸板是黑褐色，上面有黃褐色縱帶；步腳是黃褐色或紅褐色，腿節、膝節和脛節上具有黑色的輪狀斑；腹部是橢圓形，背面是黑褐色，前方中央有一條黃褐色縱帶，後面則有六對黃斑。雄溝渠豹蛛身體的顏色和雌蛛差不多，但是步腳腿節和觸肢卻是黑色的。溝渠豹蛛常在潮溼的落葉堆裡尋找食物，牠們產下的卵囊是褐色，呈球形，雌蛛會用絲疣縛住卵囊帶著走；當幼蛛孵出後，會騎在母蛛背上共同生活一段時間，才開始過獨立生活。

・雌蛛腹部下的卵囊孵化後，若蛛爬上腹部繼續跟隨媽媽。

· 溝渠豹蛛在地表上徘徊，屬於不結網蜘蛛。

小檔案

科 名	狼蛛科Lycosidae 豹蛛屬
體 長	雄性約5mm，雌性約4-6mm
網 形	不結網
棲 地	臺灣各地中、低海拔山區和平地地表及落葉堆上

赤條狡蛛

Dolomedes saganus

別名：赤條跑蛛

赤條狡蛛常出現在野外的矮樹或草上，若蛛要蛻皮長大時，會在樹葉上結一個帳幕網來保護自己，當牠慢慢的長大要再一次脫皮時，則是用蛛絲將自己吊在葉緣上蛻皮。雌蛛產下的卵囊很大，像一個褐色的球，牠會用上顎咬住卵囊，直到幼蛛孵化出來，才將卵囊用蛛絲吊在草間；剛孵化的幼蛛會先在卵囊附近住上一段時間，然後才各自離開。

・ 雌蛛。

· 赤條狡蛛雌蛛會用上顎咬住卵囊，具護卵行為。

檔案

科 名	跑蛛科Pisauridae 狡蛛屬
體 長	雌性約10-16mm，雄性約11mm
網 形	不結網
棲 地	臺灣各地果園、旱地、草叢

長觸肢跑蛛

Hygropoda higenaga

長觸肢跑蛛的頭胸部是很深的綠色又帶點褐色，第一和第四對步腳很長，因為雄蛛的觸肢特別長而命名，常常出現在山地的岩石或樹葉上，也會躲在溪邊五節芒的葉背上。

· 長觸肢跑蛛會將卵囊放在枯葉中。

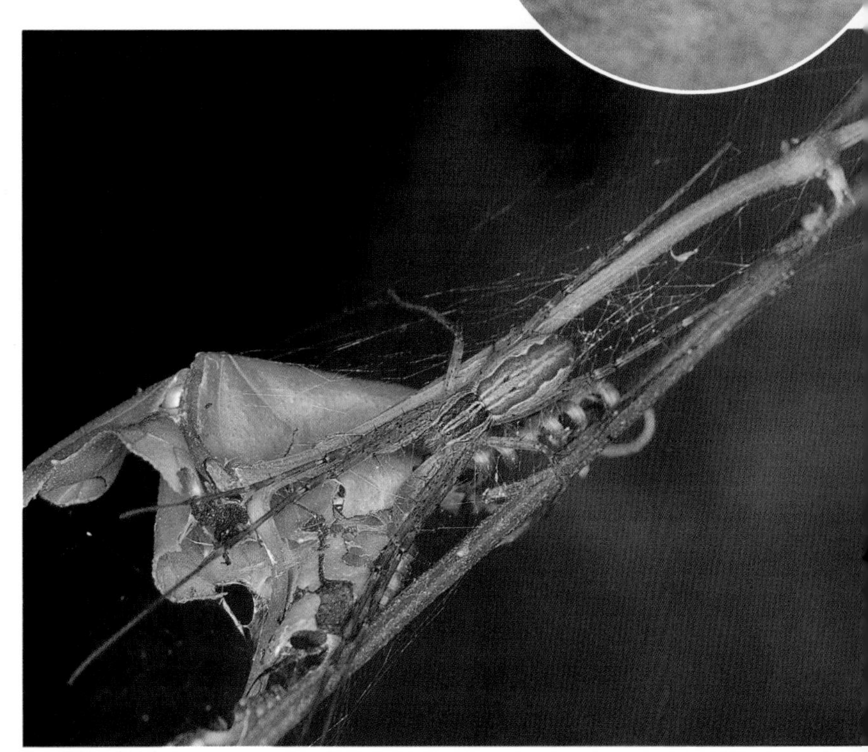

· 雌蛛身體顏色深淺略有不同。

·雄蛛的觸肢特別長，上顎附近有藍色長毛。

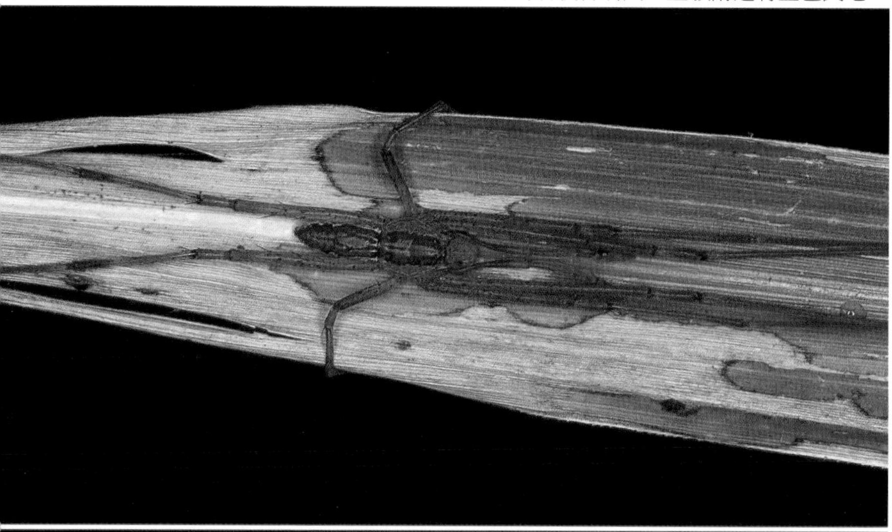

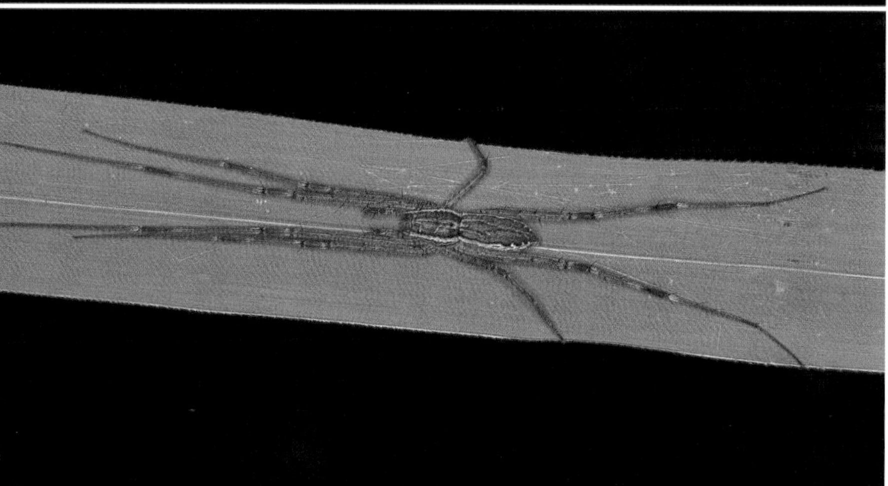

·雌蛛。

小檔案

科 名	跑蛛科Pisauridae 長觸肢跑蛛屬
體 長	雄性約8mm，雌性大約10mm
網 形	不結網
棲 地	臺灣各地的溪邊、草叢

斜紋貓蛛

Oxyopes sertatus

斜紋貓蛛的腳上有很多很多的刺，身上有一些褐色和黑色的斜紋斑，通常可以在草葉上找到牠們，牠們也將卵產在草葉上。斜紋貓蛛有跳起來捉昆蟲吃的本事；牠們結的網很簡單，只用兩三條蛛絲就結成一個網。雌蛛產卵後，會趴在卵囊上保護，一直到幼蛛孵化出來以後才離開。

· 斜紋貓蛛雌蛛具有護卵行為。

・雌蛛。

・雄蛛。

小檔案

科 名	貓蛛科Oxyopide 貓蛛屬
體 長	雄性約6.5-9mm，雌性約11-17mm
網 形	不結網
棲 地	臺灣各地的灌木叢、草叢

細紋貓蛛

Oxyopes macilentus

別名：條紋貓蛛

細紋貓蛛常出現在草叢中，腹部沒有斜紋，兩側也沒有明顯的褐色斜紋，這是細紋貓蛛和斜紋貓蛛最大的區別，但是細紋貓蛛腹部的正中央有淺褐色條紋。和其他的貓蛛屬蜘蛛一樣，細紋貓蛛也會趴在卵囊上保護牠的下一代。

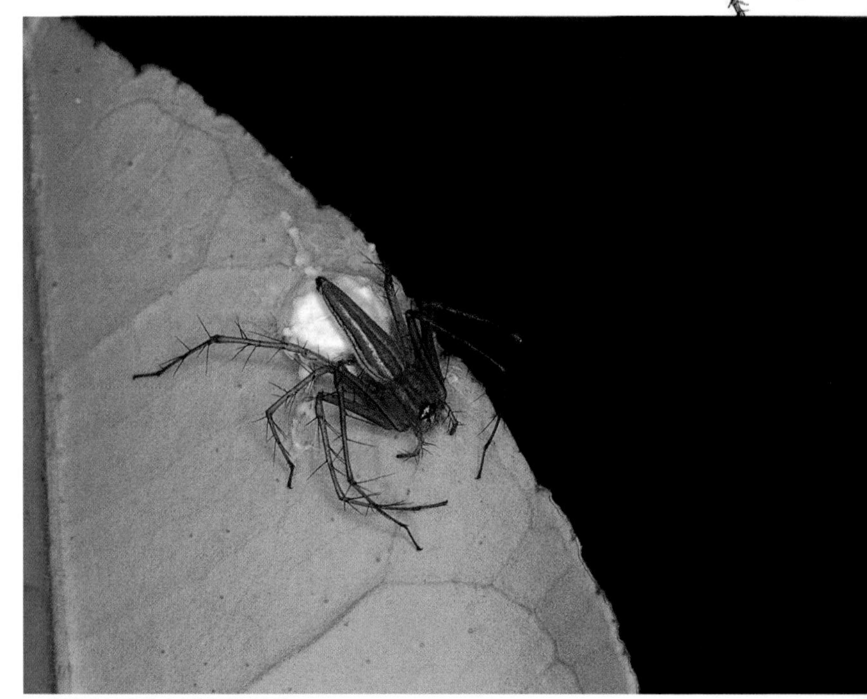

・雌細紋貓蛛有護卵的行爲。

· 雌蛛。

· 細紋貓蛛雄蛛的觸肢特別膨大。

小檔案

科 名	貓蛛科Oxyopide 貓蛛屬
體 長	雄性約6-7.5mm，雌性約7.5-8mm
網 形	不結網
棲 地	臺灣各地的灌木叢、草叢

豹紋貓蛛

Oxyopes sp.

豹紋貓蛛體形很大，雌性的體長約有20mm，體色為黃色和橘色交錯，非常漂亮顯眼。雄豹紋貓蛛的體長也有18mm左右，身體的顏色也沒有雌的豔麗，前三對步腳和第四對步腳分得很開，這是跟雌蛛很不一樣的地方。豹紋貓蛛的腳上也像斜紋貓蛛一樣長了很多刺，生活習性跟斜紋貓蛛一模一樣。

· 雌豹紋貓蛛（黃色型）

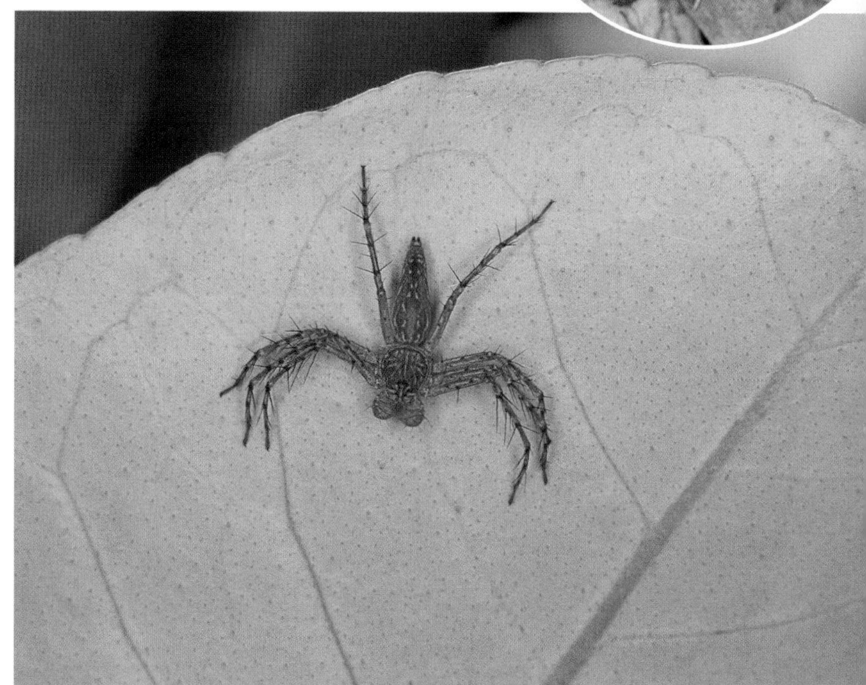

· 豹紋貓蛛雄蛛觸肢前端特別膨大。

·豹紋貓蛛雌蛛的護卵行爲，會一直到幼蛛孵化才離開。

·豹紋貓蛛在捕食大蚊。

小檔案

科 名	貓蛛科Oxyopide 貓蛛屬
體 長	雄性約18mm，雌性約20mm
網 形	不結網
棲 地	臺灣各地灌木、草叢

亞洲狂蛛

Zelotes asiaticus

別名：輝黑蜘蛛

亞洲狂蛛的頭胸部呈長心臟形，背甲是黑色而且具有光澤，腹部是灰黑色，兩側比中央顏色還深，喜歡住在石頭、落葉堆下面。

· 亞洲狂蛛棲息在石塊下。

·亞洲狂蛛捕食獵物。

·雌蛛。

小檔案

科　名	鷲蛛科Gnaphosidae　狂蛛屬
體　長	雄性約5mm，雌性約6.2mm
網　形	不結網
棲　地	臺灣各地林區草叢的石塊下和落葉堆中

絞蛛

Anahita fauna

別名：黃豹櫛蛛、田野安蛛

絞蛛的身上有兩條波浪形的褐色條斑，褐色條斑的中間是白色的，步腳的最後一節顏色很深，體形跟狼蛛很像，生活在草原的地面上，喜歡徘徊在草葉和石頭間，雌蛛產卵在落葉堆裡，絞蛛跟斜紋貓蛛一樣有趴在卵囊上護卵的習性。

・雌蛛。

·雌蛛。

·紋蛛喜歡在石頭、草葉間徘徊。

小檔案

科名	櫛蛛科Ctenidae 櫛足蛛屬
體長	雄性約7-8mm，雌性約10mm
網形	不結網
棲地	臺灣各地草原步道、林間、草叢及農田中

隙蛛

Coelotes sp.

隙蛛的頭胸部是黃褐色的，頭部隆起，身體兩側各有一條淺褐色的斑紋，腹部呈長卵形，腹部的背面是灰黑色被有黑色短毛，其後方有數對山形的淺黃色斑紋。隙蛛喜歡棲息在崖壁接近地表的地方，結管狀網居住，網的入口處呈漏斗狀。

・屬於草蛛科的隙蛛。（雌蛛）

‧隙蛛棲息在崖壁，結管狀網為巢。

‧樹皮內的若蛛。

小檔案

科 名	草蛛科Agelenidae 隙蛛屬
體 長	雄性約10-13㎜，雌性約11-13㎜
網 形	不結網
棲 地	臺灣各地草原步道的崖壁細縫、石塊下及樹皮內

捲葉袋蛛

Clubiona japonicola

別名：粽管巢蛛

捲葉袋蛛在春夏交界時，會將稻葉折成三折，做成一個袋子的樣子，居住在裡面，也當作產房，將卵產在裡面；雌蛛會住在裡面保護幼蛛，很容易在水田裡發現牠們。捲葉袋蛛身體和腳都是褐色的，腹部是黃色，上面還長有一層白色的毛。

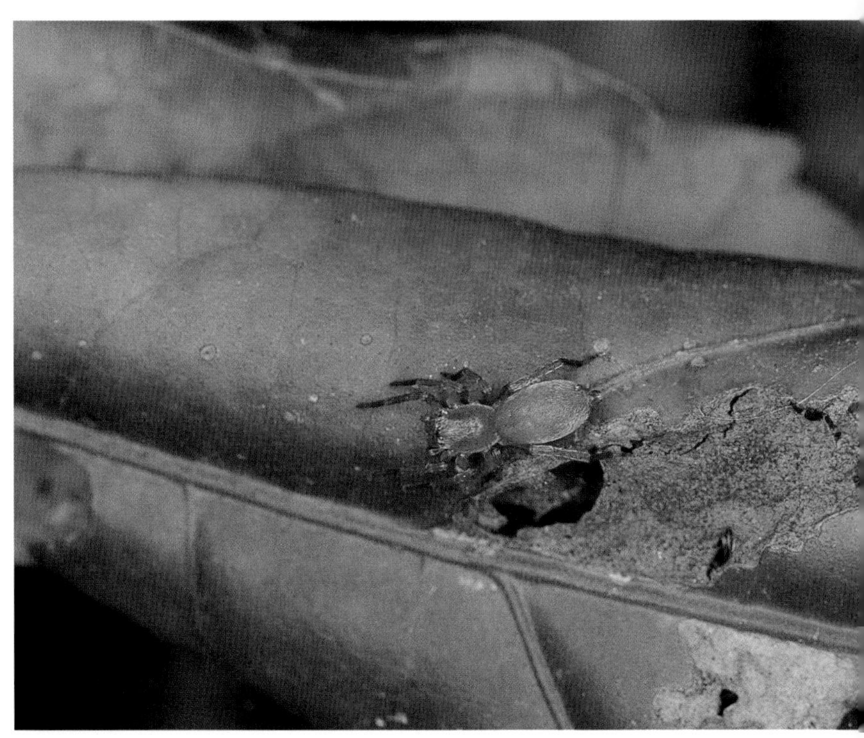

・捲葉袋蛛喜歡在夜間徘徊。

・雌蛛。

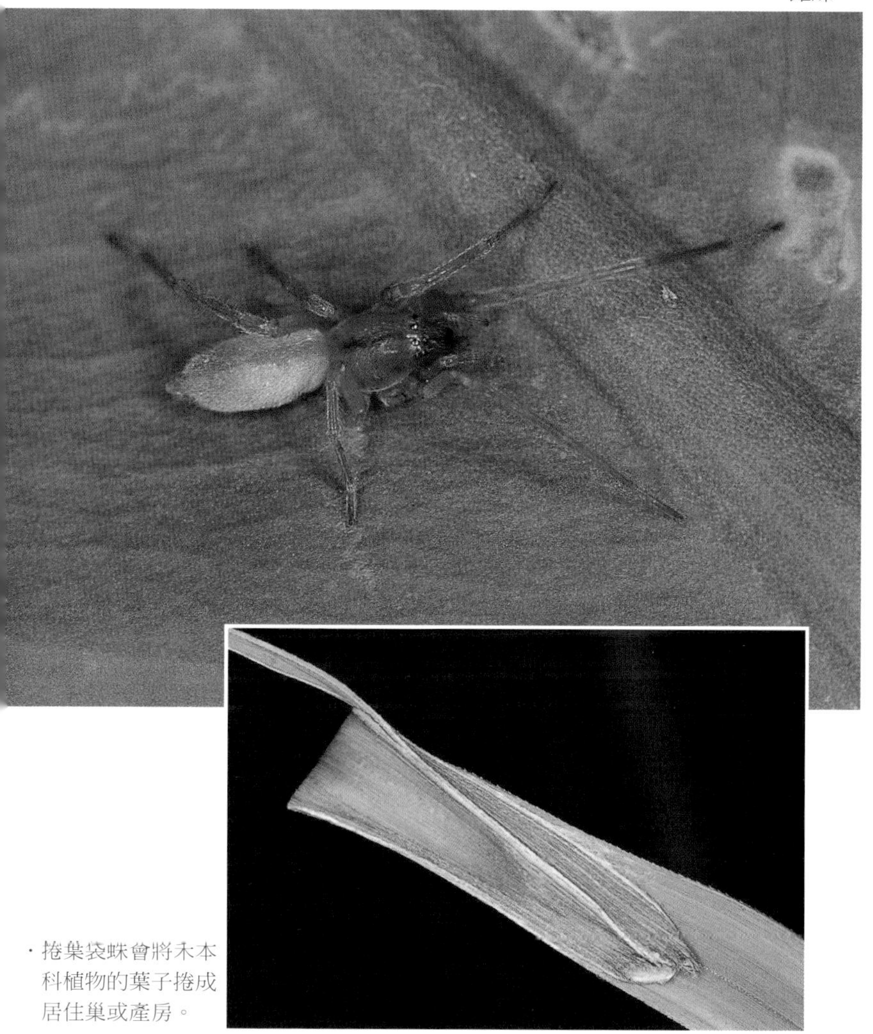

・捲巢袋蛛會將禾本科植物的葉子捲成居住巢或產房。

小檔案

科 名	袋蛛科Clubionidae 袋蛛屬
體 長	雄性約6mm，雌性約7-9mm
網 形	不結網
棲 地	臺灣各地的水田、草叢

活潑紅螯蛛

Cheiracanthium lascivum

活潑紅螯蛛喜歡在晚上活動，會在草叢間徘徊尋找獵物。白天牠們跟捲葉袋蛛一樣，將稻葉折成三折，做成一個袋子的樣子，當作居住巢，等到產卵時就變成牠們的產房。活潑紅螯蛛的毒液雖不算是劇毒，但被其咬到會很痛，應避免過度驚擾牠。

・雌蛛白天住在巢室，夜間才出來找食物。

・雌蛛將二至三片樹葉黏合成不規則形的巢室。

・雌蛛在巢室內產卵，並看守著直到幼蛛出生。

小檔案

科名	袋蛛科Clubionidae 紅螯蛛屬
體長	雄性約8-10mm，雌性約9-11mm
網形	不結網
棲地	臺灣各地的水田、草叢

三角鬼蛛

Parawixia dehaani

別名：三角圓蛛

三角鬼蛛和大腹鬼蛛長得很像，因為肩部有兩個突起來的地方，所以整個腹部很明顯的可以看得出來像個三角形，中間有一條白色的線連接著這兩個肩，牠們是山林裡常常可以看見的蜘蛛，動作非常慢，有時連白天都待在網上。

・三角鬼蛛腹部很明顯看得出來呈三角形。（雌蛛）

・三角鬼蛛是夜行性蜘蛛，白天躲在網旁的枝幹或枯葉中。（雌蛛）

・三角鬼蛛腹部體色斑紋差異很大。（雌蛛）

小檔案

科名	金蛛科Araneidae ***Parawixia***屬
體長	雄性約3.5mm，雌性約20-25mm
網形	圓網
棲地	臺灣各地草原步道、灌木叢中

茶色姬鬼蛛
Neoscona punctigera

茶色姬鬼蛛的生活習慣和大腹鬼蛛很像，但是牠們白天會躲在蜘蛛網旁邊的樹葉裡面，晚上才出來捕捉昆蟲。茶色姬鬼蛛背甲和腳都是紅褐色，腳上還有黑色的輪紋，身體顏色的變化很大，身上斑紋的變化也不一樣，有時真的會讓人以為牠們是不同種的呢。

・茶色姬鬼蛛白天躲在網邊的枝葉裡。（雌蛛）

・茶色姬鬼蛛身體顏色變化很大。（雌蛛）

・雄蛛。

小檔案

科名	金蛛科Araneidae 姬鬼蛛屬
體長	雄體長約4.5-6mm，雌體長約5.2-6.5mm
網形	圓網
棲地	臺灣各地灌木叢及草叢

2004/12/26 康樂山

五紋鬼蛛

Araneus pentagrammicus

別名：白綠鬼蛛、五紋圓蛛

五紋鬼蛛身體的顏色非常豐富，包括背甲是黃褐色，兩側是綠色；腳是青綠色，而各節的末端則是黑色；腹部呈圓形，白色延伸至深綠色。這樣的顏色組合，讓五紋鬼蛛變得很美麗。五紋鬼蛛住在山裡，織網時會將訊號絲拉到樹葉上，在這片樹葉的表面再織一個帳幕，躲在裡面，牠們經常將第一對步腳放在訊號絲上面，等待昆蟲上鉤。當發現昆蟲掉在樹葉上時，就會立刻離開帳幕，捕捉昆蟲。

・五紋鬼蛛在葉面上結帳幕網當作居住巢。

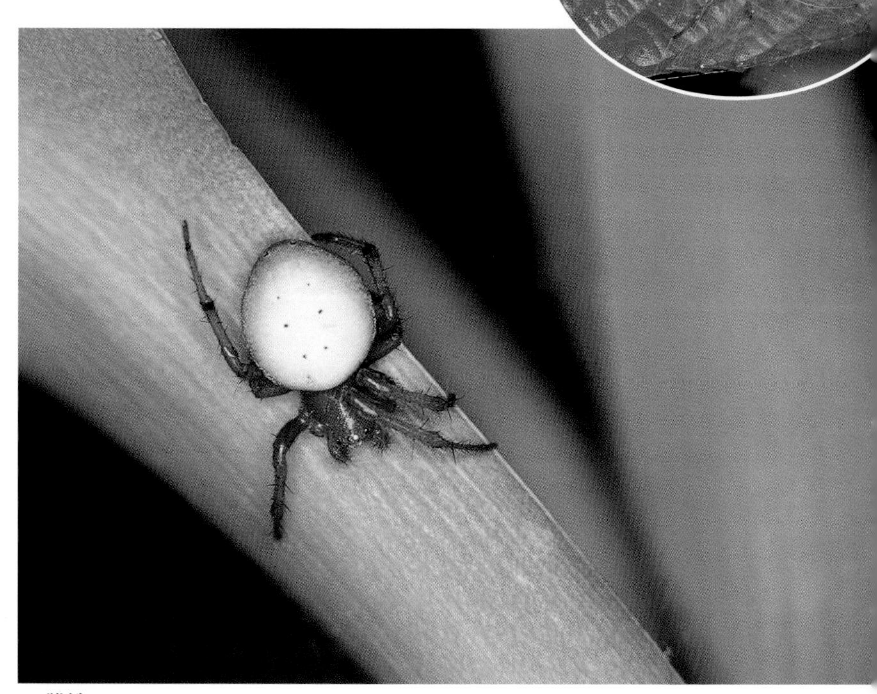

・雌蛛。

・有少部分的五紋鬼蛛會在網中吸食獵物的體液。

・五紋鬼蛛捉到獵物，準備拖回居住巢再填飽肚子。

小檔案

科名	金蛛科Araneidae 鬼蛛屬
體長	雄性約6mm，雌性約8-10mm
網形	斷網
棲地	臺灣各地灌木叢、草叢的葉面上

黑綠鬼蛛

Araneus mitificus

別名：黑綠圓蛛

黑綠鬼蛛腹部的背面有明顯的黑點，生活習性跟五紋鬼蛛一樣，捕食到昆蟲後，可不是馬上吃掉，而是要將昆蟲拖到居住巢中才來填飽肚子呢。黑綠鬼蛛剛織好的網是透明的，但是經過一段時間後，透明的蜘蛛網則會變成金黃色的。

・雌蛛。

・黑綠鬼蛛在網中捕到昆蟲，會拖回居住巢中再吸食昆蟲體液。

・黑綠鬼蛛斷網。

小檔案

科 名	金蛛科Araneidae 鬼蛛屬
體 長	雄性約5mm，雌性約8-10mm
網 形	斷網
棲 地	臺灣各地灌木叢及草叢的葉面上

野姬鬼蛛

Neoscona scylla

別名：青新圓蛛

野姬鬼蛛是野外常見的蜘蛛之一，會在樹林或草葉間結網，結的網很大，大約有20～50公分左右，牠們會駐足在網的中央。野姬鬼蛛身體顏色的變化很多，腹部的斑紋變異也很大，有的前方中央有白斑，有的是後方中央有黑斑，不管斑紋怎樣變化，在腹部的後方都有一對大而明顯的黃斑，這是辨認牠們的好方法。產卵後，牠們會將細長的卵囊放在樹葉上或建築物周圍。

・野姬鬼蛛身體的顏色變化很大。（雌蛛）

・野姬鬼蛛腹部上的黑色心臟斑紋形。（雌蛛）

・雌蛛。

小檔案

科 名	金蛛科Araneidae 姬鬼蛛屬
體 長	雄性約8-10mm，雌性約12-15mmm
網 形	圓網
棲 地	臺灣各地灌木叢及草叢

阿須寬肩鬼蛛

Zilla astridae

別名：寬肩鬼蛛、阿斯扇蛛、鞭扇蛛

阿須寬肩鬼蛛會在樹跟樹之間結網，蜘蛛網上有彎彎曲曲的隱帶。阿須寬肩鬼蛛的腹部前端寬於後端，整個腹部看起來就像一個倒三角形，兩肩向前方突起，腹部背面有明顯的三角斑紋。

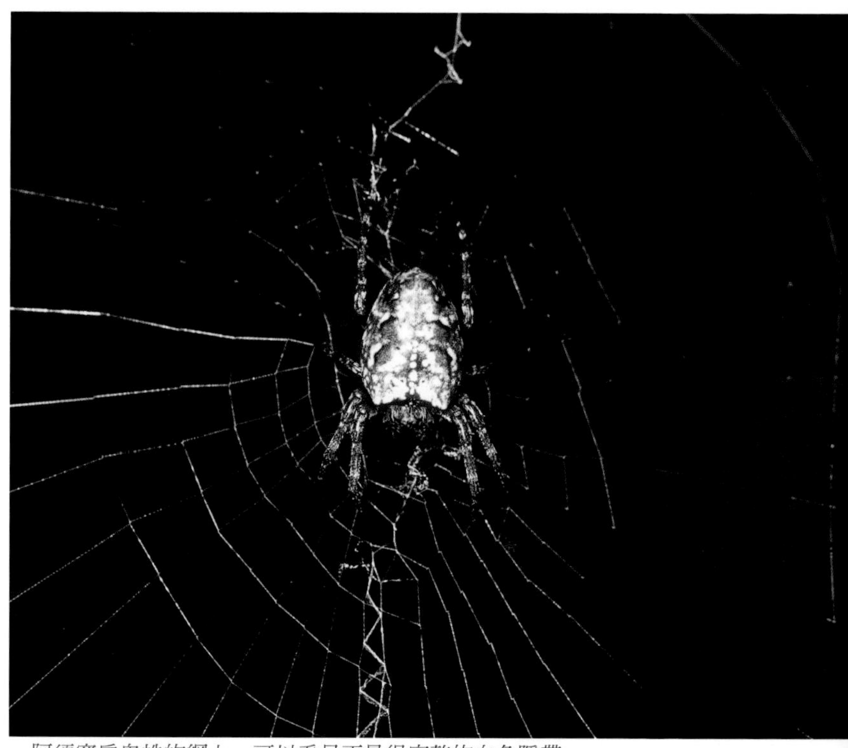

・阿須寬肩鬼蛛的網上，可以看見不是很完整的白色隱帶。

・阿須寬肩鬼蛛腹前端比後端寬，呈倒三角形。

小檔案

科名	金蛛科Araneidae 寬肩鬼蛛屬
體長	雄性約6-7mm，雌性約9-11mm
網形	圓網
棲地	臺灣各地草原步道、灌木叢間

草原步道蜘蛛

斷紋金蛛

Argiope perforata

別名：孔目金蛛

雌斷紋金蛛黑褐色的背甲上，被有銀白色的毛；在黑色的胸板上有放射狀黃斑；步腳是灰褐色，上面有深褐色環紋；腹部呈五角形，兩肩特別突起，背面兩側是黃白色，上面有細細的黑色橫帶，中央有一條黑色和紅色相雜的縱帶，縱帶前面較窄、後面突然變寬，占了腹部背面約三分之一；腹部腹面有兩條黃色的縱帶，縱帶的中間有六個不很明顯，但排成放射狀的小黃斑。雄斷紋金蛛的背甲褐色，胸板黃褐色，在前後端各有一個小白斑；步腳是深褐色；腹部呈卵形，背面是灰褐色，中央的縱帶跟雌蛛一樣，在絲疣前方有兩條黃色縱帶。斷紋金蛛大都結網在高原草地和步道兩旁的灌叢間，網上有X形的白色隱帶，牠們會頭朝下，兩隻腳兩隻腳並攏的駐在網的中央，靜靜的等待獵物。斷紋金蛛非常的機靈，如果碰到危險時，常常會掉到地面用假死的方式來騙過敵人。

・斷紋金蛛捕食時會用捕帶把獵物捆起來。（雌蛛）

·斷紋金蛛的若蛛有時候會結不完全的「X」形隱帶。

· 雌蛛。

小檔案

科名	金蛛科Araneidae 金蛛屬
體長	雄性約4-5mm，雌性約7-8mm
網形	圓網
棲地	臺灣各地低海拔山區的灌木叢和草叢

中形金蛛

Argiope aetheroides

別名：蟲蝕痕金蛛

中形金蛛腹部又短又寬，在背甲上面有一個像蝴蝶一樣的灰褐色斑紋，牠們產下淡綠色的卵囊，卵粒是黃色的，一個卵囊大約有300粒卵。

‧雄蛛。

・中形金蛛遇到危險時，會掉到地面、有縮腳的假死行為。

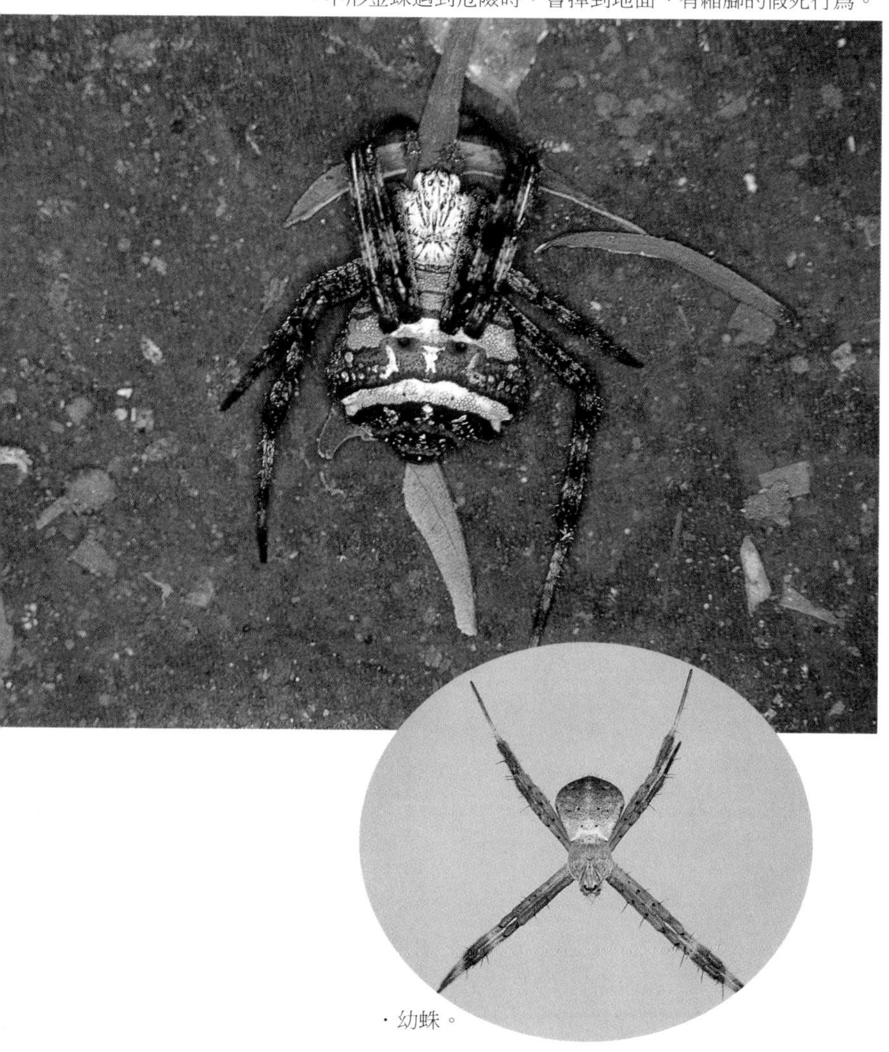

・幼蛛。

小檔案

科名	金蛛科Araneidae 金蛛屬
體長	雄性約5mm，雌性約17-20mm
網形	X形白帶圓網
棲地	臺灣各地灌木叢或草叢中

大鳥糞蛛

Cyrtarachne inaequalis

別名：對稱曲腹蛛

大鳥糞蛛白天會躲在樹葉的背面，把八隻腳縮在身體下，一動也不動的，看起來就像一球鳥糞，因此用「鳥糞」來為牠們命名。牠們在傍晚結網，結的網直徑大約 50-90 公分，但是在隔天清晨就將網弄破。大鳥糞蛛的背甲、步腳、腹部都是黃色，腹部很大，非常像三角形。大鳥糞蛛的成蛛腹部前方有四個筋點，中央有兩個。雄蛛的體形比較小，大約只有 2 ㎜，腹部比較扁平而且帶點兒褐色，身體也沒有任何斑紋。

・大鳥糞蛛的卵囊呈黃褐色紡錘形。

・雌蛛。

・大鳥糞蛛的腹面。

小檔案

科 名	金蛛科Araneidae 鳥糞蛛屬
體 長	雄性約2mm，雌性約10-13mm
網 形	圓網
棲 地	臺灣各地灌木叢及草叢上

鳥糞蛛

Cyrtarachne bufo

別名：蟾蜍曲腹蛛

鳥糞蛛白天時會躲在樹林或矮叢裡，靜止不動，等著晚上才出來結網捕捉獵物，但是到了隔天清晨又把網給破壞。鳥糞蛛的網黏性特別強，可以捕捉體形較大的昆蟲。如果一不小心碰到牠們，牠們會從葉上掉下來，然後把腳縮起來裝死，裝死的本領是牠們保護自己的好方法。

・雄蛛。

・鳥糞蛛因形體很像鳥糞而得名。（雌蛛）

・鳥糞蛛的卵囊呈圓球狀，懸掛在葉面下。

・剛產完卵的雌蛛。

小檔案

科名	金蛛科Araneidae 鳥糞蛛屬
體長	雄性約1.5-2mm，雌性約8-10mm
網形	圓網
棲地	臺灣山地的草叢及灌木叢上

菱角蛛

Pasilobus bufoninus

別名：蟾蜍菱腹蛛

菱角蛛身體的顏色呈黃褐色，腹部的弧度很大，看起來像菱角形，因此而命名。菱角蛛的腹部上面有疣狀的突起，中央有褐色的圓狀筋點，會在樹林間結網，蛛絲的黏性很強。

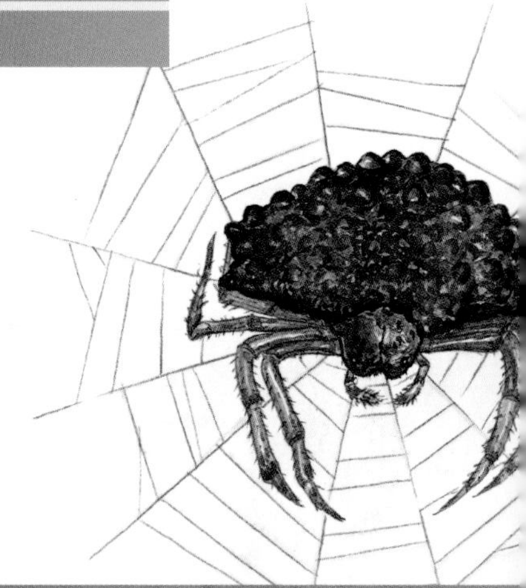

・菱角蛛的腹部寬狀很像菱角。

・雌蛛。

・雌蛛（未成熟）。

小檔案

科名	金蛛科Araneidae 菱角蛛屬
體長	雌性約8-10mm（還未發現雄蛛）
網形	圓網
棲地	臺灣各地灌木叢中、柑橘園

熱帶塵蛛

Cyclosa confusa

熱帶塵蛛居住在山地，結的網上掛著塵埃等，呈直線排列的偽裝物，牠們就躲在裡面，所以很難被發現。熱帶塵蛛的卵囊是白色的，形狀像碗一樣，牠們不將卵囊放在網上，而是黏附在蜘蛛網旁的樹幹上，經過一段時間，卵囊會由白色變成黃色。若蛛結的網中央有許多同心圓，或是漩渦形的白色隱帶，跟成熟的蜘蛛不一樣。

・準備要產卵的雌熱帶塵蛛。

・熱帶塵蛛結隱帶圓網。

・雌蛛。

小檔案

科 名	金蛛科Araneidae 塵蛛屬
體 長	雄性約5mm，雌性約10mm
網 形	圓網
棲 地	臺灣各地灌木叢、草叢

無鱗尖鼻蛛

Poltys illepidus

別名：多角錐頭蜘蛛

尖鼻蛛的頭部呈圓形黃褐色，跟胸部之間有很深的頸溝，前端隆起像一個錐形；步腳是黃褐色，在第一和第二對步腳的腿節基部是紅褐色的，而各步腳的腿節末端都是黑褐色；腹部形狀變化很多，前端較高，向前覆蓋在頭胸部上面，腹部的中央和後半部的兩側還有三對大突起，腹部背面顏色較多，上面還有特殊的斑紋。雄蛛的體色和斑紋跟雌蛛很像，但是突起不明顯。白天時，無鱗尖鼻蛛通常會躲在枯葉或樹枝上，為了保護自己，免於被敵人發現，牠們會縮成一團，樣子就像樹的樹瘤一樣，到了晚上才出來結網捉獵物。牠們通常在河床或廢耕地的樹上、草叢或灌木上結網，駐在網的中央，八隻腳縮起來，靜靜的等待獵物上門。

・無鱗尖鼻蛛腹部體形變異很大。

·無鱗尖鼻蛛是夜行性蜘蛛。（雌蛛）

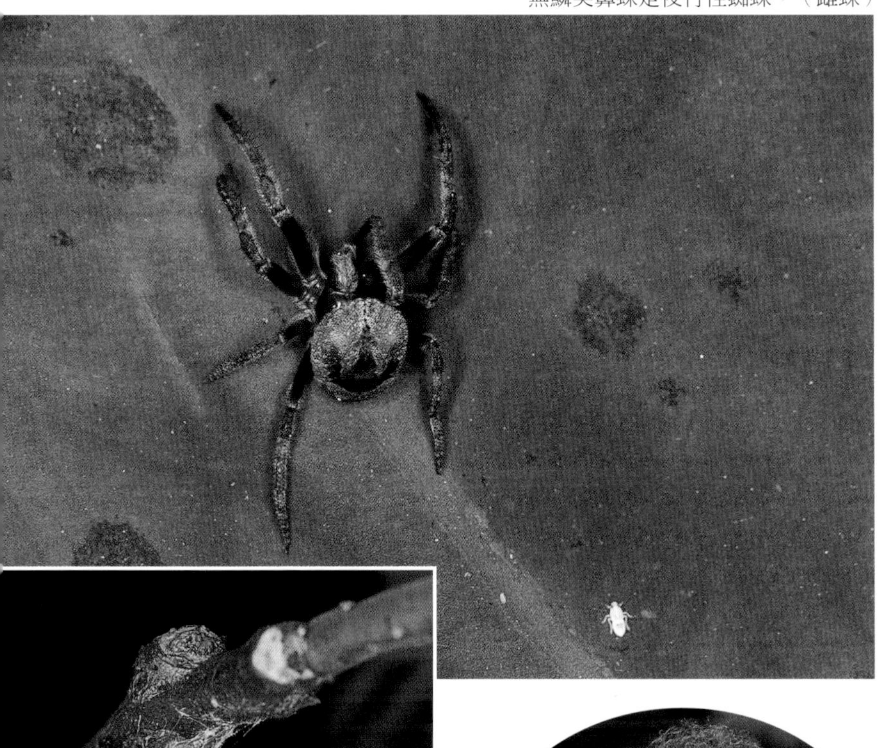

無鱗尖鼻蛛停在樹上像樹瘤。（雌蛛）

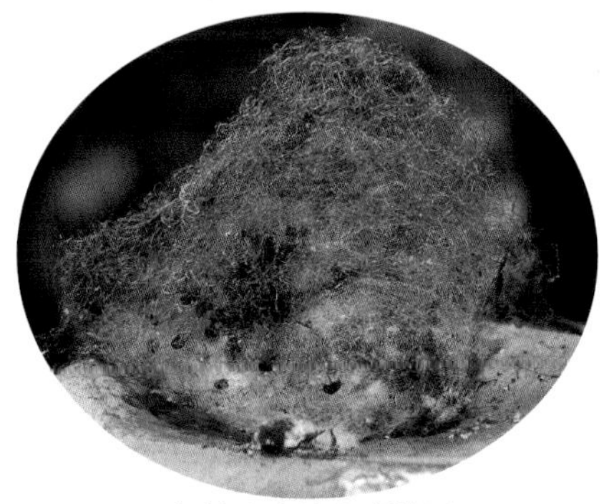

·無鱗尖鼻蛛卵囊外層的蛛絲是金黃色的。

小檔案

科名	金蛛科Araneidae 尖鼻蛛屬
體長	雄性約4-6mm，雌性約12mm
網形	圓網
棲地	臺灣各地灌木叢的樹枝上

枯葉尖鼻蛛

Poltys idae

2004/12/26 東鄉山
類似狗神，金色
⇓
曳尾蛛
P181

雌枯葉尖鼻蛛在頭、胸之間有很深的頸溝，步腳是淺褐色的，但是第一和第二對步腳的腿節基部是深紅褐色的，各步腳腿節末端是黑褐色；腹部前端較高，向前覆蓋在頭胸部上方，並延長成長柄狀；腹部背面的顏色，若蛛時期主要是綠色，上面有三條類似葉脈的縱條斑匯集在心臟斑上，柄狀的部分是褐色，從背面來看很像一片嫩葉。而成蛛在心臟斑後面的部分是深褐色的，其餘部分接近黃褐色，從背面來看，像極了一片枯葉。枯葉尖鼻蛛會在林道上的矮樹、草叢或灌木上結網，白天時，會躲在樹葉下或樹枝上，到了晚上才結網捕食，牠們會躲在網的中央，跟無鱗尖鼻蛛一樣把八隻腳縮起來，靜靜的等著獵物上門。

・枯葉尖鼻蛛的卵囊呈金黃色。

‧枯葉尖鼻蛛白天躲在網旁的樹枝上，到晚上才會到網上覓食。

‧枯葉尖鼻蛛從腹部看去就像一片枯葉。

小檔案

科 名	金蛛科Araneidae 尖鼻蛛屬
體 長	雌性約22mm，雄性不明
網 形	圓網
棲 地	臺灣各地山道草叢或灌木叢上

方格雲斑蛛

Cyrtophora exanthematica

別名：方格網蜘蛛

方格雲斑蛛大都住在山地樹林間，在柑橘園中最常看見牠們的蹤跡。方格雲斑蛛背甲、胸板和步腳都是黑褐色，頸溝很明顯，在胸板上有淡黃色斑，步腳又粗又短。牠們的肩部上面有很多的紅色顆粒和毛，而且從肩部隆起的地方開始，有兩條白線沿著兩側往後面延伸；腹部的顏色變化很多，有黃褐色和淡黃色等。雄蛛身體的顏色是黑褐色，具有黑色光澤，腹部上面有三到四對白斑，肩部隆起不明顯，也沒有紅色顆粒，這是跟雌蛛不一樣的地方。

・仔細看，背側兩條縱線和腹部尾端的缺口，是方格雲斑蛛的特徵。

・方格雲斑蛛結倒皿形的變形圓網，網間爲方格狀。（雌蛛）

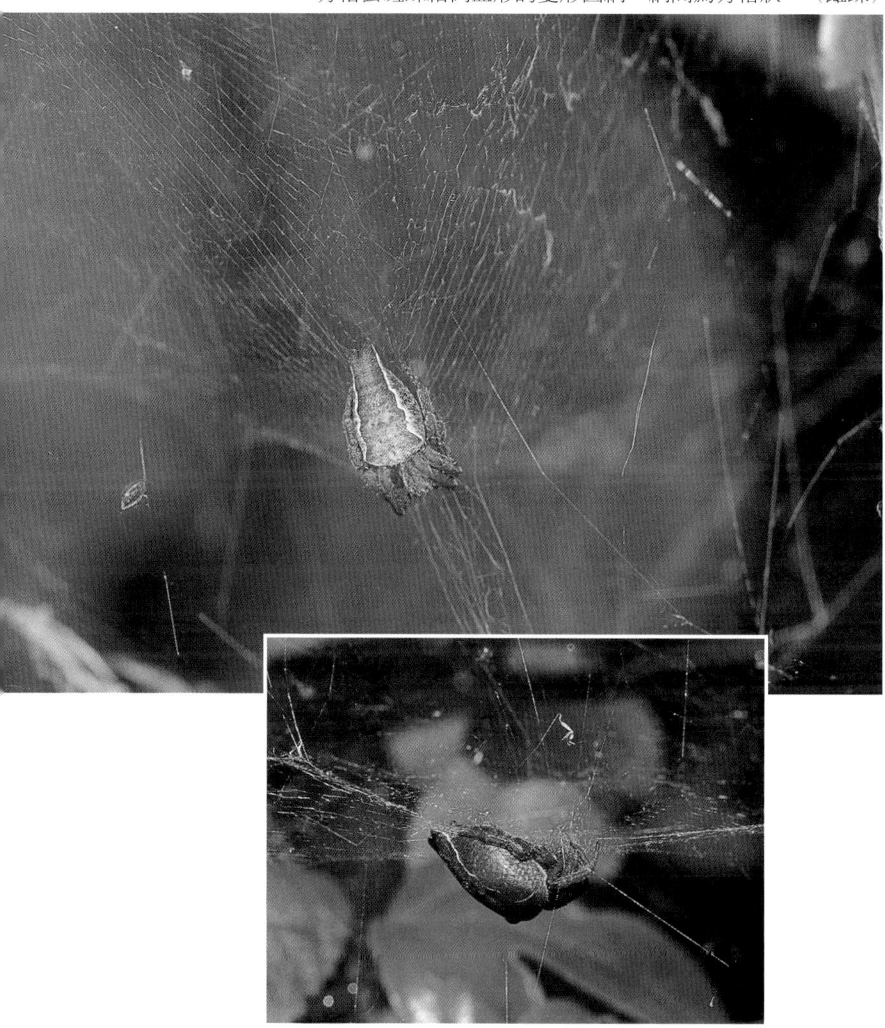

・雌蛛。

小檔案

科 名	金蛛科Araneidae 雲斑蛛屬
體 長	雄性約3-4mm，雌性約9-11mm
網 形	變形圓網
棲 地	臺灣各山地步道旁的樹上

單色雲斑蛛

Cyrtophora unicolor

別名：闊腹泉字斑蜘蛛

單色雲斑蛛身體的顏色是淺褐色，腹背面被有許多的疣狀突起物，上面還長了褐色的短毛。牠們喜歡居住在山地，結變形的圓網，會拉一片落葉放在網中央，然後躲在裡面，這是牠們保護自己的方法。

・單色雲斑蛛腹背部有許多顆粒突起。（雌蛛）

·單色雲斑蛛結變形圓網，網中有一片枯葉，蜘蛛就躲在裡面。

·雌蛛。

小檔案

科 名	金蛛科Araneidae 雲斑蛛屬
體 長	雌性約17-20mm，雄性不明
網 形	變形圓網
棲 地	臺灣各地步道旁的灌木叢及樹上

2004/12/26 康樂山.

黑尾曳尾蛛

Arachnura melanura

別名：黃色曳尾蜘蛛

黑尾曳尾蛛的胸部又寬又圓，頸溝雖然不深但是很明顯，腹部又細又長，步腳上長著剛刺和剛毛，牠們的第一步腳比較長，接著是第四步腳、第二步腳、第三步腳。黑尾曳尾蛛喜歡在榕樹上結網，會把卵囊吊在網上面，因為身體的形狀很像榕樹的葉片，所以不容易被發現。

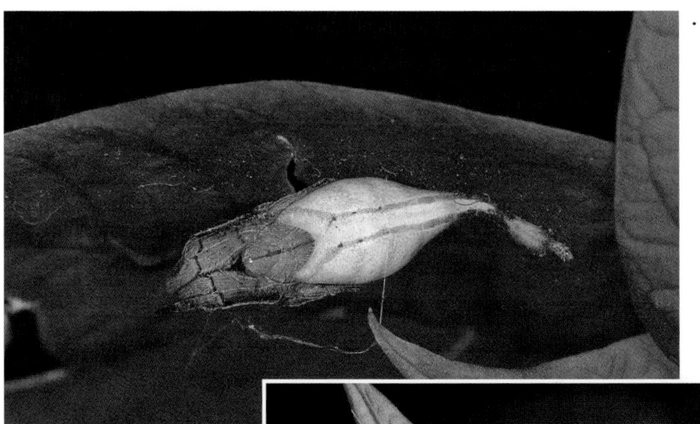

・腹部細長，後端突起，是黑尾曳尾蛛的特徵。

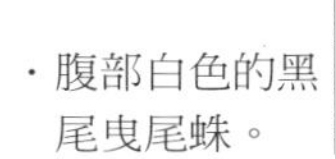

・腹部白色的黑尾曳尾蛛。

・黑尾曳尾蛛結圓網於樹枝間。

・黑尾曳尾蛛將三、四顆卵囊產在網上，與身體排成一列。

小檔案

科 名	金蛛科Araneidae 曳尾蛛屬
體 長	雌性約16mm，雄性不明
網 形	圓網
棲 地	臺灣各地步道的灌木叢及草叢間

雙峰曳尾蛛

Arachnura logio

別名：雙峰尾圓蛛

雙蜂曳尾蛛的身體是黃白色，在中央和側邊有黑色縱斑，腹部前面有兩個分叉狀的斑紋，蓋住了胸部後方，看起來像極了兩個山峰，所以才會用「雙峰」來命名，腹部後方則延長呈尾巴的樣子，產卵後將卵囊吊在斷網上。雌蛛的體長約有25～28mm，而雄蛛卻僅僅只有1.8mm ，體形上有很大的差別。

・雙峰曳尾蛛因腹部前端狀似雙峰而得名。

・從側面看雙峰曳尾蛛。

・雙峰曳尾蛛腹部尾端處有四枚瘤狀突起。

小檔案

科 名	金蛛科Araneidae 曳尾蛛屬
體 長	雄性約1.8mm，雌性約25-28mm
網 形	圓網
棲 地	臺灣各地灌木叢及草叢中

人面蜘蛛

Nephila pilipes

別名：斑絡新婦

人面蜘蛛因頭胸部像一個老人的臉而被命名，牠們是臺灣最大的蜘蛛，有強大的、呈黑色的步腳；腹部上面有黃色、黃褐色和黑褐色等美麗的條斑，會在樹林中結網，結的網很密很複雜，最大可結直徑 200 公分以上的網，牠們就駐足在網中間。若蛛結的網是普通的圓網，而成蛛結的網則在主網上下還各有一個補助網。人面蜘蛛產卵在地面上，會用枯葉來遮蓋隱藏，雄蛛全身都是橘紅色的，體長只有7-10mm，比雌蛛小很多。

・人面蜘蛛雌雄體形差異很大，雄蛛正在把精液移入雌蛛的生殖孔內。

·人面蜘蛛結大形的圓網，直徑可達2公尺。

雄蛛體色橘紅，腹部較長與同住在網上的赤腹寄居姬蛛（三角形）不一樣。

·雌蛛將卵產在土堆裡。

小檔案

科 名	長腳蛛科Tetragnathidae 人面蜘蛛屬
體 長	雄性約7-10mm，雌性約30-50mm
網 形	圓網
棲 地	臺灣山地樹枝間

橫帶人面蜘蛛

Nephila clavata

別名：小人面蜘蛛、棒絡新婦

・橫帶人面蜘蛛腹部有明顯橫帶。（雌蛛）

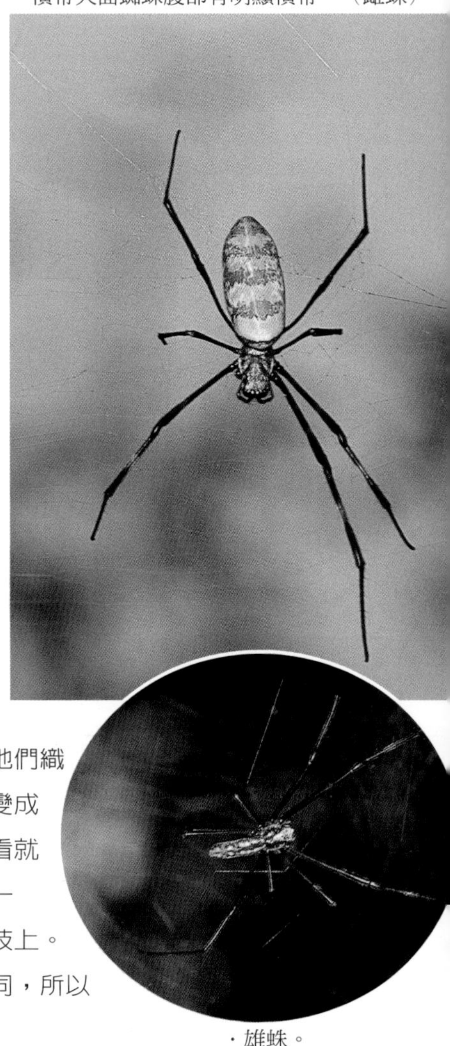

・雄蛛。

橫帶人面蜘蛛頭胸部是黑色的，胸部有黃色的邊，還長滿了又密又短的毛，步腳細細長長的，在各節基部和末端的地方是黑色的，中間是黃色的，腹部上面有黃白色綴著紅色、藍色和黃色的美麗斑橫紋，正中間有黑褐色網紋，所以被命名為橫帶人面蜘蛛。橫帶人面蜘蛛喜歡住在山地、樹林間，結圓網在主網的前後還結不規則網，所以整個網看起來有三層。剛孵化的若蛛，主網是長的圓網，駐網的位置在網中央，隨著蜘蛛的長大，駐網的姿勢也會慢慢往上移，最後幾乎移到網的最邊緣。橫帶人面蜘蛛不會一次就把舊的網換掉不用，而是慢慢的，每次只換一部分的方式來更新牠們織的網，經過一段時間，舊的網絲會變成黃色的，是新的網還是舊的網，一看就知道了。橫帶人面蜘蛛的卵囊像球一樣，卵是紅色的，會附在樹葉或樹枝上。若蛛和成蛛在身體上的斑紋完全不同，所以常被誤認為是不同種的。

・剛產完卵的雌蛛。

・橫帶人面蜘蛛。（若蛛）

小檔案

科名	長腳蛛科Tetragnathidae 人面蜘蛛屬
體長	雄性約6-10mm，雌性約20-30mm
網形	圓網
棲地	臺灣山地灌木叢的樹枝間

大銀腹蛛

Leucauge magnifica

別名：大銀鱗蛛、縱條銀鱗蛛

大銀腹蛛的數量很多，分布很廣，在野外常常可以看得見，不管是在草叢、溪邊、樹枝上都可以看見牠們的蹤跡。大銀腹蛛腹部背面兩肩上沒有隆起也沒有黑斑，背面有三條黑色縱條斑，大部分在低矮的草叢上結空心圓網，會駐在網中央，因為牠們是晝行性蜘蛛，所以白天就可以看得到牠們在捕捉獵物。

・雄蛛。

・白天，大銀腹蛛出來捕捉獵物。

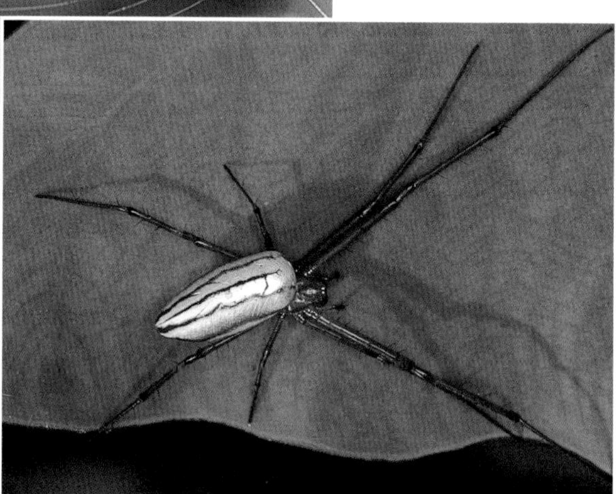

・ 雌蛛。

小檔案

科 名	長腳蛛科Tetragnathidae 銀腹蛛屬
體 長	雄性約8-12mm，雌性約13-15mm
網 形	空心圓網
棲 地	臺灣山地步道、溪邊、草叢旁

條紋高腹蛛

Tylorida striata

條紋高腹蛛居住在山地，有淡褐色的背甲，背甲側邊有黑色細線；步腳是黃色的，在第一、二對腳的腿、脛節，和第三、四對腳的腿、脛、蹠節都長有許多黑色的刺；腹部呈黃色，腹部前面的部分特別隆起，這個特徵是跟本科蜘蛛最不一樣的地方；背面和側面有金黃色的鱗片。條紋高腹蛛受到刺激時，金黃色的鱗片會擴大或縮小，因而改變身體的顏色，這種現象以若蛛較為明顯。

・雌蛛。

·左是雄蛛、右是雌蛛正在進行求婚曲。

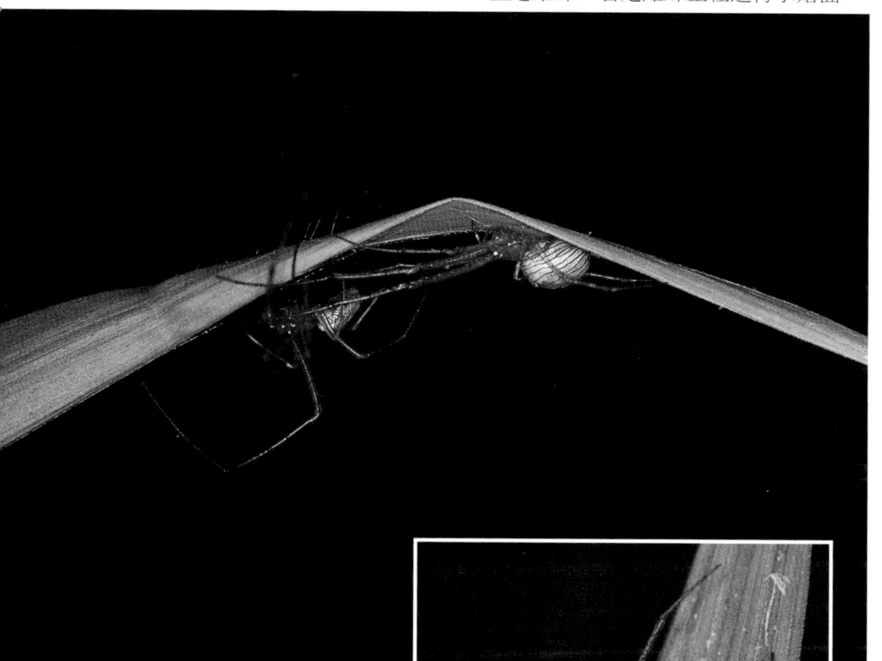

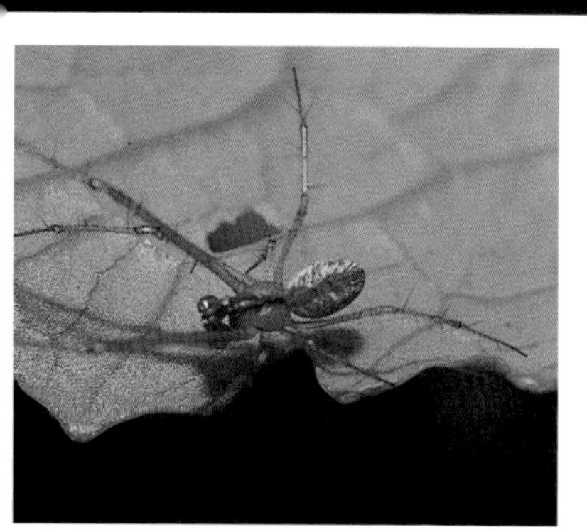

·雄蛛。

·條紋高腹蛛腹部背面和側面的金黃色鱗片，會因爲受到刺激而擴大或縮小。

小檔案

科 名	長腳蛛科Tetragnathidae 高腹蛛屬
體 長	雄性約4-5mm，雌性約5mm
網 形	空心圓網
棲 地	臺灣各地山道兩旁灌木叢或草叢中

前齒長腳蛛

Tetragnatha praedonia

別名：長腳蜘蛛、前齒肖蛸

雌蛛背甲是紅褐色，胸板是黃褐色而邊緣則是黑色，步腳上是紅褐色有刺，越到末節顏色越深。雄蛛腹部被有銀色的鱗片，背面有細長的黑褐斑。雌蛛大都將卵產在樹葉上，卵囊表面顏色灰灰的或帶點兒綠色，每個卵囊約有200顆卵。

2011/04/13
白石湖吊橋

前齒長腳蛛將卵囊產在枯枝上。

・前齒長腳蛛結變形圓網。

・白天，前齒長腳蛛身體平貼在樹枝上休息，不容易被發現。

小檔案

科名	長腳蛛科Tetragnathidae 長腳蛛屬
體長	雄性約10-12mm，雌性約13-15mm
網形	變形圓網
棲地	臺灣各地農田、溪邊、樹叢

日本長腳蛛

Tetragnatha maxillosa

日本長腳蛛生活在稻田、茭白筍田或溪溝邊，會利用雜草拉絲來結網，身體的顏色、形狀都跟前齒長腳蛛非常像，生活習性也一樣。不同的是，上顎的基部外側沒有突起，而是呈彎曲的圓形，而且上面的齒狀突起排列方式也不相同，腹部比較細長，生殖器開口在腹部後方。

・日本長腳蛛的外形和前齒長腳蛛很像。

·日本長腳蛛第一、二對腳往前伸直，身體平貼在葉片上，不易被發現。

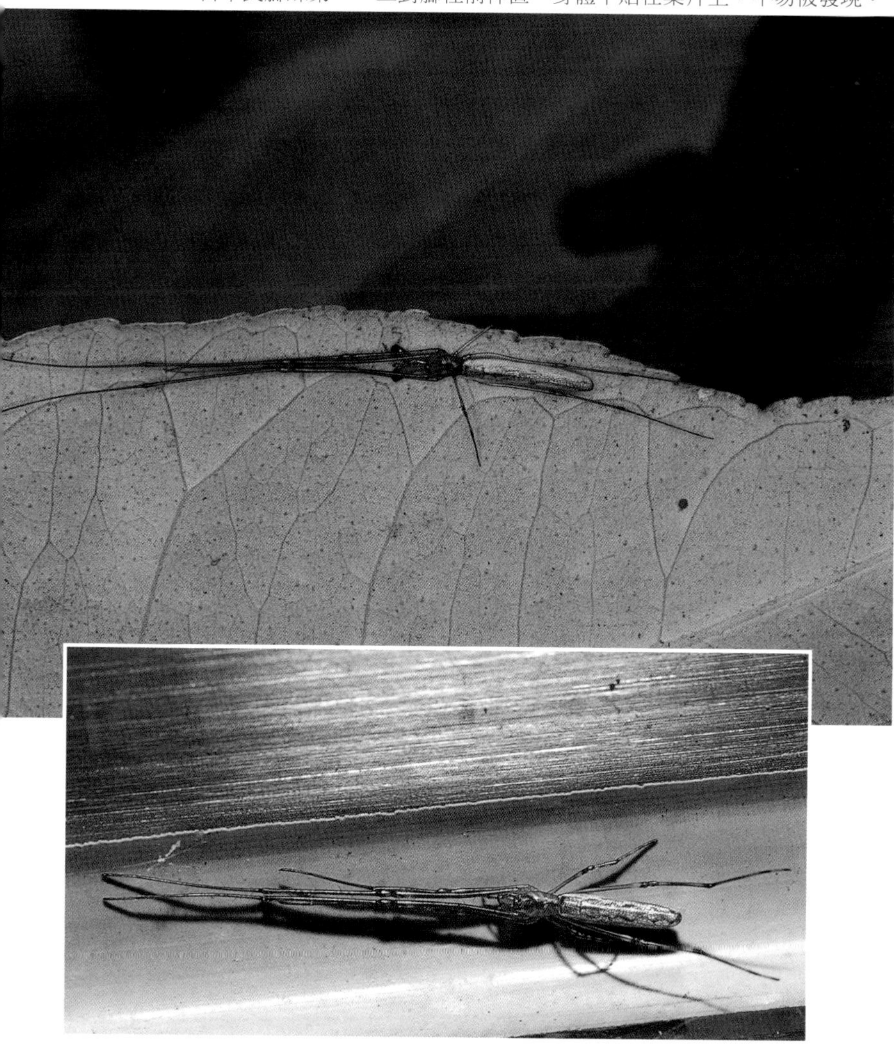

小檔案

科名	長腳蛛科Tetragnathidae 長腳蛛屬
體長	雄性約9-10mm，雌性約10-12mm
網形	空心圓網
棲地	臺灣各地溪溝邊、草叢、農田

綠鱗長腳蛛

Tetragnatha squamata

別名：綠色長腳蜘蛛、鱗紋肖蛸

雌綠鱗長腳蛛背甲、腹部和腳都是黃綠色的，是一種美麗的小形蜘蛛。雄蛛背甲、腹部和腳都是黃褐色的，而且腹部背面有細長的紅色斑紋，牠們大都結網在水邊的草叢或竹林裡，捕捉昆蟲，冬天，會在一片竹葉內織一個薄薄的巢，躲在裡面。

・綠鱗長腳蛛具有護卵行為，遇到危險時會隨身帶著卵囊遷移。（雌蛛）

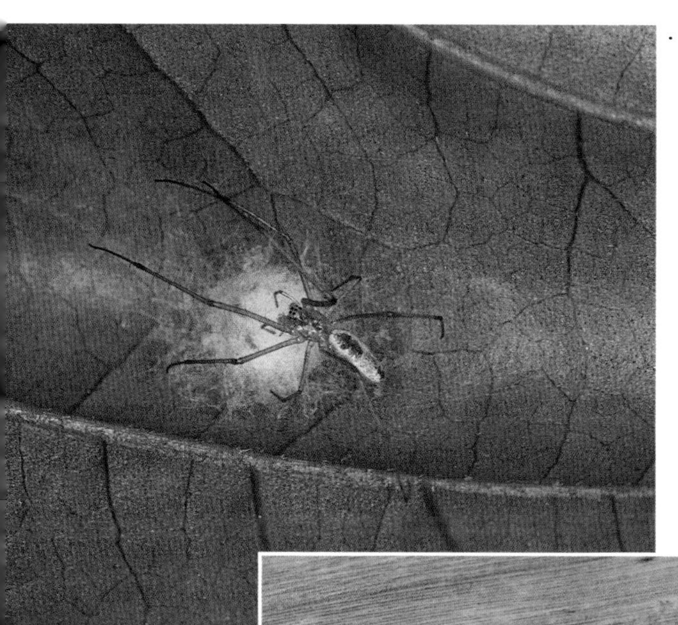

・雌蛛有些身體也具有紅斑。（雌蛛）

・雄蛛腹部具有紅斑。

小檔案

科名	長腳蛛科Tetragnathidae 長腳蛛屬
體長	雄性約5-7mm，雌性約7-9mm
網形	空心圓網
棲地	臺灣各地農田步道旁的草叢葉面下

華麗金姬蛛

Chrysso venusta

別名：金色姬蜘、多紋金腹蛛、愛麗蛛

華麗金姬蛛有又細又長的腳，第一對步腳最長，然後是第二、第四、第三對步腳。仔細看，第一對步腳的長度是第三對步腳的三倍，而腳上也沒有剛毛和毛刺。華麗金姬蛛的背甲、觸肢和步腳是黃色的，腹部是褐色的，上面有很多金黃色的鱗毛，還有一個黑色的＜＞形斑紋。雄蛛的形狀和顏色跟雌蛛都很像，但是體形比較小，腳長的順序跟雌蛛不一樣，順序是第一、第四、第二、第三對步腳；腳跟身體比起來，顯得特別大。華麗金姬蛛居住山地灌木林裡，會在樹葉下結網，網下垂吊著幾根長絲，絲的一端有黏液球，牠就是用這個黏液球來捕捉昆蟲。

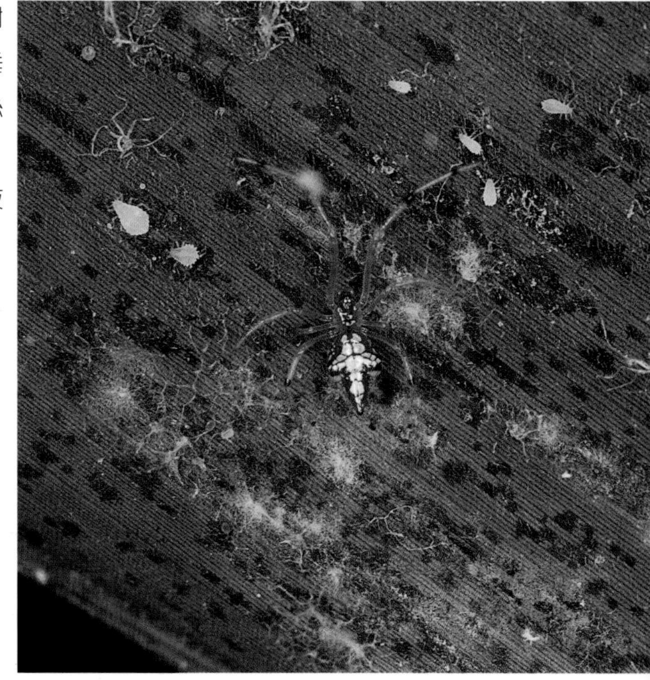

・華麗金姬蛛棲息在竹子的葉背，捕食蚜蟲。

・從側面看華麗金姬蛛。（雌蛛）

・華麗金姬蛛腹部上的鱗毛相當亮麗。（雌蛛）

小檔案

科 名	姬蛛科Theridiidae 金姬蛛屬
體 長	雄性約4-5mm，雌性約7-8mm
網 形	不規則網
棲 地	臺灣各地竹林及潮溼灌木叢的葉背

棘腹金姬蛛

Chrysso spiniventris

棘腹金姬蛛的腹部像一個球形，後端背面有4至5根的長刺，側下方則有三對黑色小點，腹部色彩斑紋變異很大，淺綠色、白色、橘色都有。白天，牠們躲在闊葉樹的樹葉背面；晚上，出來結網捕食昆蟲，牠們結的網黏性很強。棘腹金姬蛛有護卵的行為，產卵後，會在卵囊旁等待幼蛛孵化。

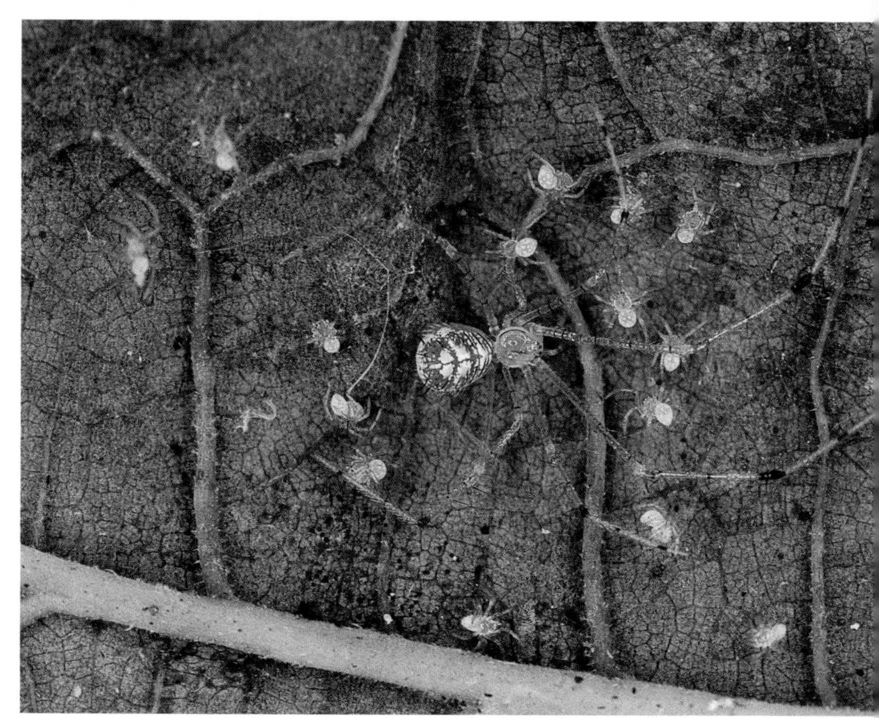

・棘腹金姬蛛也具護幼行爲。（雌蛛）

・棘腹金姬蛛具護卵行爲。（雌蛛）

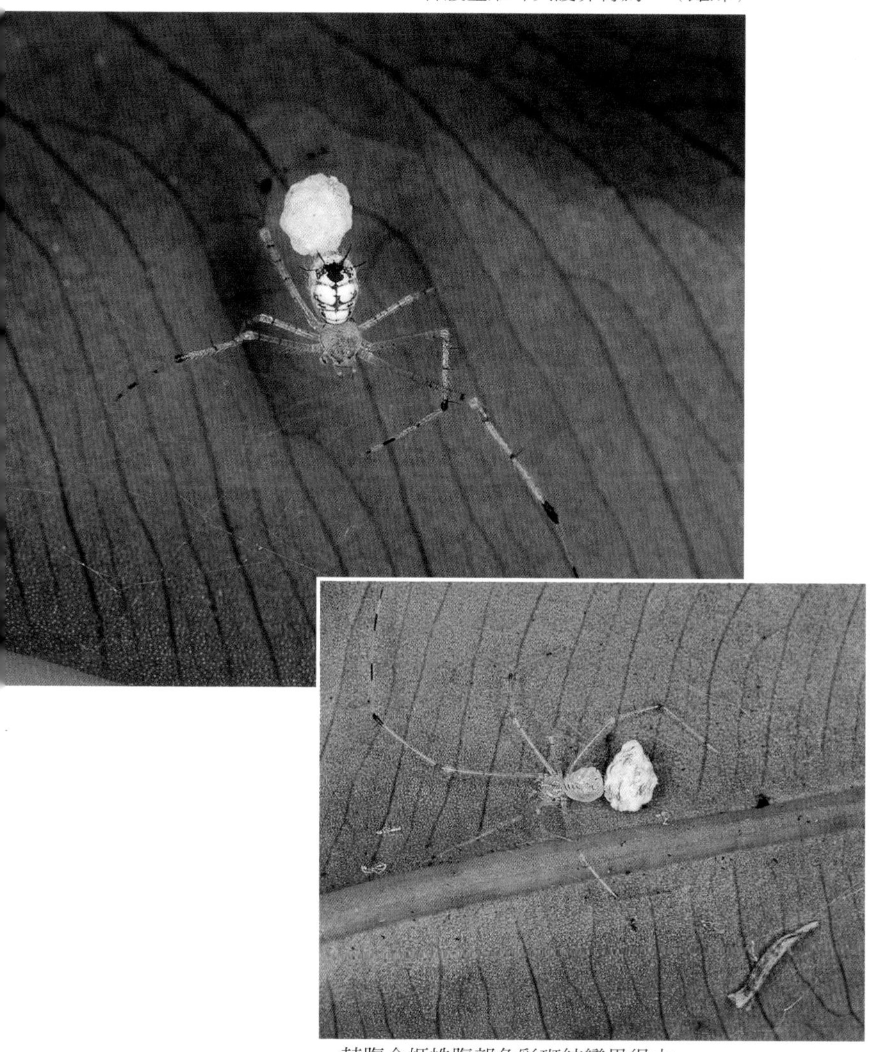

・棘腹金姬蛛腹部色彩斑紋變異很大。

小檔案

科 名	姬蛛科Theridiidae 金姬蛛屬
體 長	雄性約3-4mm，雌性約5-6mm
網 形	不規則網
棲 地	臺灣各地灌木叢及草叢的葉背

中華褸網蛛

Psechrus sinensis

別名：中國褸網蛛

中華褸網蛛的頭部特別細長，腳呈淡黃色，也是細細長長的，有一節一節的黑褐色環紋，上面還長了毛，而且第一對步腳特別的長；背甲是淡黃色，上面有兩個灰褐色縱斑；胸板是黑褐色，上面長滿了淡黃色的毛，背面則是灰褐色長了黃褐色的毛，在兩側還各長了一條淡黃色的波浪形縱條斑。在體形上雄蛛比雌蛛還細長，牠們喜歡住在山崖附近結漏斗形的網，平網的部分會延長到洞外的雜草上，管狀的部分則延伸到洞內的石頭上。牠們的網像是經過風吹雨打一樣，破破爛爛的，也是因為這樣，才被命名為褸網蛛。其實牠們的網黏性很強，有時連蜥蜴都會被黏在上頭呢！中華褸網蛛非常靈敏，會倒掛在平網和管狀的交界處，只要一點點的振動，立刻逃向管內躲在崖縫裡，所以很少可以看到牠們駐網的情形，當然也就很難捕捉到牠們。遇到危險時，牠們會把腳縮起來，用裝死的方式來保護自己。

・雌蛛。

・中華褸網蛛結平面漏斗網，網面雖然看起來破爛不堪但是黏性特別強。

・中華褸網蛛遇到危險會掉到地上，腳一縮，裝死來保護自己。

小檔案

科名	褸網蛛科Psechridae 褸網蛛屬
體長	雌雄皆為15mm
網形	漏斗網
棲地	臺灣山地的山壁或樹洞間

東亞夜蛛

Miagrammopes orientalis

別名：夜蛛

東亞夜蛛身體是黃褐色，長滿了白色細毛；腹部是長圓筒形，顏色較深的個體可以明顯的看出背面有三對白斑。當牠們不動時，前兩對步腳伸長，就像一根細細的枯枝掛在網上。

・從側面看東亞夜蛛。（雌蛛）

・東亞夜蛛結條網於樹枝間。（雌蛛）

・東亞夜蛛腹部有三對白斑。（雌蛛）

小檔案

科 名	渦蛛科Uloboridae 夜蛛屬
體 長	雄性約4-5mm，雌性約12-15mm
網 形	條網
棲 地	臺灣山地步道、灌木叢及草叢間

蚓腹寄居姬蛛

Argyrodes cylindrogaster

別名：長腹姬蛛、蚓腹蛛

蚓腹寄居姬蛛頭胸部扁扁平平細細長長的，在中間有暗色溝，身體的顏色有綠色型和褐色型兩種。觸肢是淡綠色的，步腳又細又長呈綠色，而且是兩對兩對合攏的成為四對，向前後左右伸出。牠們常在針葉樹枝間結網，當牠們靜止不動的時候，很像松杉的葉子，非常難辨識，這是牠們保護自己的好方法。

・蚓腹寄居姬蛛身體的顏色有綠色型和褐色型兩種。（雌蛛）

・蚓腹寄居姬蛛腹部特別長，會在樹枝間結網。（雌蛛）

・蚓腹寄居姬蛛將卵囊產在條網上。（雌蛛）

小檔案

科 名	姬蛛科Theridiidae 寄居姬蛛屬
體 長	雄性約15mm-20mm，雌性約25mm-30mm
網 形	條網
棲 地	臺灣山地步道、樹叢間

銀腹寄居姬蛛

Argyrodes bonadea

俗名：銀斑錐腹蛛

銀腹寄居姬蛛步腳顏色的變化很多，但是還是以褐色為主，腹部從側面看起來很像三角形，上面被有銀白色鱗粉。牠們大部分寄居在金蛛、鬼蛛和小人面蜘蛛的網上。產卵的時候，在枝幹間結簡單的條網，再將燈籠形的卵囊掛在網上。

・銀腹寄居姬蛛全身銀白色是牠們的特徵。（雌蛛）

・銀腹寄居姬蛛的卵囊呈黃褐色燈籠形。

・銀腹寄居姬蛛正在吃蛛絲。

小檔案

科 名	姬蛛科Theridiidae 寄居姬蛛屬
體 長	雄性約2mm，雌性約3-4mm
網 形	不結網
棲 地	臺灣各地灌木叢中雲斑蛛及鬼蛛的網上

赤腹寄居姬蛛

Argyrodes miniaceus

別名：橘紅錐腹蛛

赤腹寄居姬蛛的腹部是橘紅色，後端特別向上突起，在腹背頂端和絲疣的上方都有黑斑，兩側有銀斑；牠們不結網，而寄居在鬼蛛、塵蛛和人面蜘蛛的網上，尤其在野外，可以看到超大的人面蜘蛛的網上，常有赤腹寄居姬蛛寄居在上面，有時最多可看到八隻！牠們不只是寄居在其他蜘蛛的網上，還會吃掉寄主的蛛絲呢！

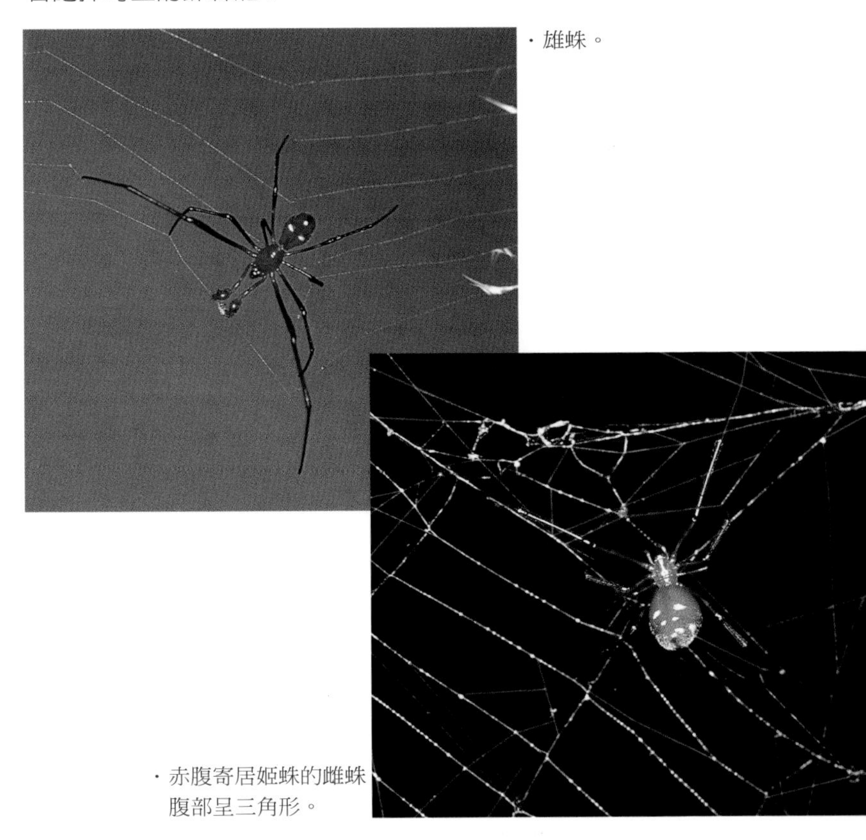

・雄蛛。

・赤腹寄居姬蛛的雌蛛腹部呈三角形。

・赤腹寄居姬蛛會吸食寄主網上的小昆蟲。

・赤腹寄居姬蛛正在偷吃寄主捕獲的大形獵物。

小檔案

科名	姬蛛科Theridiidae 寄居姬蛛屬
體長	雄性約3-4mm，雌性約4-5mm
網形	不結網
棲地	臺灣各地雲斑蛛、人面蜘蛛及鬼蛛的網上

裂額寄居姬蛛

Argyrodes fissifrons

別名：裂錐腹蛛

裂額寄居姬蛛腹部後端向後上方突起，呈錐形，側面黃色有銀白色斑點和黑色弧形斑，牠們不結網，寄居在雲斑蛛和棘蛛的網上。裂額寄居姬蛛的卵囊呈紅褐色燈籠形，牠們會將卵囊產在寄主的網上，或鄰近的植物枝幹上。

・雄蛛。

・從側面看裂額寄居姬蛛。（雌蛛）

・裂額寄居姬蛛寄居在泉字雲斑蛛的網上。

・裂額寄居姬蛛卵囊呈燈籠形。

小檔案

科名	姬蛛科Theridiidae 寄居姬蛛屬
體長	雄性約6mm，雌性約7-8mm
網形	不結網
棲地	臺灣各地雲斑蛛、棘蛛的網上

水邊蜘蛛

褐腹長蹠蛛

Metleucauge chikunii

褐腹長蹠蛛的腹部呈卵形，背面有灰褐色或暗褐色的斑紋，在絲疣前有兩條弧形的白線斑；胸板和背甲是淡褐色，但背甲兩側有波浪形的深褐色邊，中央有一條深褐色縱帶，縱帶內常帶有一條顏色較淡的細線紋；第一和第二步腳上有黑點。褐腹長蹠蛛喜歡將網織在潮溼的地方，像溪邊的水面上、路邊的排水溝內等，很容易發現牠們結的網。

・褐腹長蹠蛛的觸肢很長。

．褐腹長蹠蛛喜歡把網織在潮溼的地方。

．褐腹長蹠蛛雌雄外形很像，只是體形大小不同。

小檔案

科 名	長腳蛛科Tetragnathidae 長蹠蛛屬
體 長	雌性約7-12mm，雄性約6-10mm
網 形	空心圓網
棲 地	臺灣各地中、低海拔山區

金比羅長蹠蛛

Metleucauge kompirensis

金比羅長蹠蛛的頭部有一個很寬的紅褐色縱斑，正中線是黃褐色的；步腳是褐色，但是各節末端是深褐色，脛節和蹠節有斑紋，腿節有毛，基部有黑褐色的斑點。腹部上面是黑白色但有黃褐色斑紋，兩側有彎曲的白條斑。金比羅長蹠蛛住在山地的河邊，結的空心圓網有點傾斜，後腳會附在網上，當牠停駐在網上時，前腳則下垂。

・金比羅長蹠蛛雄蛛身體的顏色爲紅褐色。

・雌蛛、雄蛛要交配了。

・金比羅長蹠蛛雌蛛身體顏色較淺。

小檔案

科名	長腳蛛科Tetragnathidae 長蹠蛛屬
體長	雄性約8-10mm，雌性約11-18mm
網形	空心圓網
棲地	臺灣各地溪邊、山道兩旁的水溝邊

肩斑銀腹蛛

Leucauge blanda

肩斑銀腹蛛頭胸部為黃褐色，腹部長橢圓形，背部前端隆起，上面有兩個圓形黑斑，這兩個圓黑斑是與大銀腹蛛最大的區別特徵。肩斑銀腹蛛大都生活在溪邊、小水溝裡及草叢中。

・肩斑銀腹蛛捕食獵物。（雌蛛）

・雄蛛。

・雌蛛腹面有兩條綠色的縱帶。

小檔案

科 名	長腳蛛科Tetragnathidae 銀腹蛛屬
體 長	雄性約7-10mm，雌性約10-13mm
網 形	空心圓網
棲 地	臺灣各地溪邊、小水溝及草叢間

褐腹狡蛛

Dolomedes mizhoanus

別名：褐腹跑蛛

褐腹狡蛛的頭胸部是很深的褐灰色，身體兩側邊緣有白色條斑，眼後有淡色的甲字斑；腹部較小，很明顯的小於頭胸部，身體中央有深褐色斑。牠們可以在水面上滑行，通常生活在小池塘、溪溝邊，主要捕食水中的蝌蚪、小魚，或掉在水面的昆蟲。遇到危險時，會很快的潛入水中躲藏。

・雄蛛。

・正在捕食落入水面的昆蟲。

・褐腹狡蛛可以在水面滑行。

小檔案

科名	跑蛛科Pisauridae 狡蛛屬
體長	雄性約17mm，雌性約17mm
網形	不結網
棲地	全省各地積水處、小水塘、小溪流

✓ 2005 7/17 同覺

溪狡蛛

Dolomedes raptor

別名：溪跑蛛

溪狡蛛生活在溪流邊的石頭間，當受到驚嚇的時候會潛入水中逃走，雌蛛和雄蛛的身體都是黑褐色的，但是雄蛛身上有白色縱帶，二者很容易區別。溪狡蛛的步腳有黑褐色或紅褐色紋輪，牠們除了捕捉昆蟲以外，還會捕捉水中的小魚和蝌蚪來當食物。

・溪狡蛛生活在溪邊，具護卵行為。（雌蛛）

・雌蛛第一、二對步腳的蹠節是白色的。

・雄蛛身體兩旁有白色縱帶。

小檔案

科　名	跑蛛科Pisauridae　狡蛛屬
體　長	雄性約12-13mm，雌性約23-25mm
網　形	不結網
棲　地	臺灣各地排水溝、積水的小水塘

擬環紋豹蛛

Pardosa pseudoannulata

擬環紋豹蛛隨個體的不同，身體顏色變化很多，有黃褐色的，帶黑色的，不過牠們胸板上的三個黑點、背甲上的斑紋和黑點是不會變的，所以很容易辨認。擬環紋豹蛛大都住在水邊，在水田中很容易看見，如果遇到敵人會往水中跑，在水面上行走的速度非常快，可以驅逐農人眼中的小害蟲，是農人的好幫手。

・擬環紋豹蛛徘徊在水邊尋找獵物。

・遊走在地表泥土上的雌蛛。

・卵囊由雌蛛攜帶保護。

小檔案

科 名	狼蛛科Lycosidae 豹蛛屬
體 長	雄性約8-9mm，雌性約10-12mm
網 形	不結網
棲 地	臺灣各地農田、草叢、水邊、落葉堆

沙地豹蛛

Pardosa takahashii

沙地豹蛛的步腳又長又大，呈黃色、有黑色的環斑，第四對步腳最長，大都徘徊在沙礫地和山地，除了捕食昆蟲以外，牠們還能捕食小魚喔！

・沙地豹蛛身體的顏色和泥土相近，是很好的保護色。

．離開卵囊的小若蛛爬上雌蛛的背上。

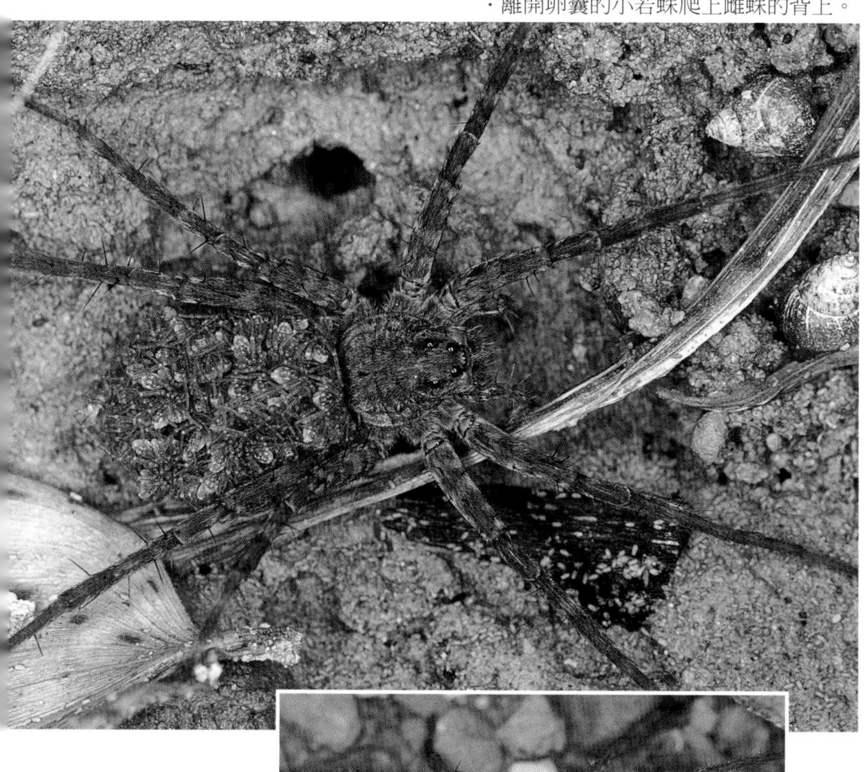

．沙地豹蛛的卵囊呈灰白色，母蛛以絲將卵囊黏在腹部尾端保護著。

小檔案

科 名	狼蛛科Lycosidae 豹蛛屬
體 長	雄性約10mm，雌性約11mm
網 形	不結網
棲 地	臺灣各地農田、草叢、地表及溪邊沙礫地

地面蜘蛛

臺灣螲蟷

Latouchia formosensis

臺灣螲蟷頭胸部是黃褐色，呈橢圓形，八個單眼聚集在一起。腹部卵形，上面是黃褐色，有淺褐色的羽狀斑紋，絲疣在尾端。螲蟷在石頭的隙縫中築巢，巢穴的開口處有一個活動的蓋門，因為巢穴大都築在潮溼的苔蘚植物間，所以很不容易被發現。

・螲蟷的觸肢又粗又大又長，好像另一對步腳。

・臺灣螲蟷夜間才會離開巢穴找尋交配的對象。

・原疣亞目的臺灣螲蟷腹部有兩對書肺。

小檔案

科名	螲蟷科Ctenizidae 螲蟷屬
體長	雄性約11mm，雌性約16mm
網形	不結網
棲地	臺灣各地落葉層的地表及崖壁上

卡氏地蛛

Atypus karschi

卡氏地蛛的頭胸部呈方形，黃褐色，頭胸部顏色比較深，頸溝和放射溝很明顯。步腳沒有長毛，但是長了三爪；腹部呈卵形，顏色由灰褐色至黑色。卡氏地蛛喜歡在陽光照不到，而且又不會淋到雨水的樹根或土牆下築巢，牠們築的巢就像袋子一樣，由地下延伸到地面上，在地下部的網作為休息和產卵，地上部的網就是捕捉獵物的地方。地上部的網上黏著細小的砂土，再由側面拉出許多短絲，固定在樹幹等上面，以免網搖搖晃晃；再將上端的蛛絲扭轉變細，附著在其他東西上面。牠們經常躲在地上部和地下部的交界處，當昆蟲爬過的時後，再透過巢壁咬住獵物，接著把獵物拉到地下部吃掉，剩下的殘渣，再從巢的上面往外丟，然後修補巢壁破壞的地方。牠們的卵囊呈紡錘形，上下兩端固定在地下部的巢壁上。

・卡氏地蛛特別粗大的上顎，向外伸出。（雌蛛）

・卡氏地蛛的管狀巢依附在樹幹上。

・卡氏地蛛鑽入袋子形狀的巢裡。

小檔案

科 名	地蛛科Atypidae 地蛛屬
體 長	雄性約12-13mm，雌性約17-18mm
網 形	不結網
棲 地	臺灣中北部山區，樹根及岩石縫隙中

臺灣長尾蛛

Macrothele taiwanensis

臺灣長尾蛛頭胸部平滑、沒有長毛，有淡淡的灰色，前端的顏色比較深；步腳很強大，顏色比頭胸部淡，上面長滿了密密麻麻的黑毛；腹部是橢圓形的，呈灰色，也長了很多黑色的短毛。臺灣長尾蛛居住在山路兩旁的山坡切面上，築的巢是不規則的漏斗形，在巢的入口，會織一張漏斗網，來捕捉獵物。每年十月是臺灣長尾蛛產卵的季節，牠們會用第三和第四對步腳挖地上的砂土黏在卵囊的絲上，再覆在卵的周圍，因此，卵囊和土塊的顏色非常像、不容易分辨，這是保護卵囊的方法。臺灣長尾蛛是夜行性蜘蛛，所以大都在晚上出來覓食。

・臺灣長尾蛛利用毒牙將獵物咬死。

・臺灣長尾蛛是臺灣最常見的毒蜘蛛之一。

・臺灣長尾蛛會在土裡結管狀網當作居住巢和卵室。

小檔案

科名	六疣蛛科Hexathelidae 長尾蛛屬
體長	雄性約15mm，雌性約23mm
網形	漏斗網
棲地	臺灣各地的石塊下或樹洞、岩石細縫中

月斑鳴姬蛛

Steatoda cavernicola

別名：白緣鳴姬蜘蛛、半月肥腹蛛、吊鏡蛛

月斑鳴姬蛛身體是黑色的，腹部前方有明顯的黃色橫斑，步腳也是黑色的，靠近腿節的地方是紅褐色。牠們在山崖的凹處結網，有時也會在枯木、石頭下結管狀居住網。

・月斑鳴姬蛛正在進行求婚曲。（左：雄蛛。右：雌蛛）

・月斑鳴姬蛛棲息在石頭下。（雌蛛）

・雌蛛。

小檔案

科名	姬蛛科Theridiidae 鳴姬蛛屬
體長	雄性約5-6mm，雌性約7-9mm
網形	不規則網
棲地	臺灣各地野外地面、石頭或枯木下

吊鐘姬蛛

Achaearanea angulithorax

別名：橫帶希蛛

吊鐘姬蛛的背甲是黑褐色，胸板是黃褐色，腳也是黃褐色，但有暗褐色的環紋，腹部背面有黑白混合的複雜斑紋，和輪廓非常不清楚的白色橫帶，絲疣有黑色環紋圍繞著，在絲疣的兩側前方，還各有一對白斑。吊鐘姬蛛居住在山崖石縫等凹下去的地方，牠們的巢用砂粒綴在一起呈鐘形。

・吊鐘姬蛛會將卵囊產在吊鐘網內。

・吊鐘狀的網是吊鐘姬蛛的居住巢。

・雌蛛。

小檔案

科 名	姬蛛科Theridiidae 希蛛屬
體 長	雄性約2-2.5㎜，雌性約2.5-3㎜
網 形	吊鐘網
棲 地	臺灣各地步道、崖壁上

日本崖地蛛

Nurscia albofasciata

日本崖地蛛頭胸交界的地方有明顯的頸溝，步腳長度的順序是第一、第四、第二、第三步腳，頭胸部、胸板、腹部、步腳的腿節和膝節都是黑色的，在腹部上面有好幾對八字形的白斑，但隨著個體的不同，斑紋數也不一樣。牠們喜歡居住在泥土、石頭和落葉的下面。

・日本崖地蛛棲息在石頭下。

・日本崖地蛛腹部上面有八字形的斑紋。

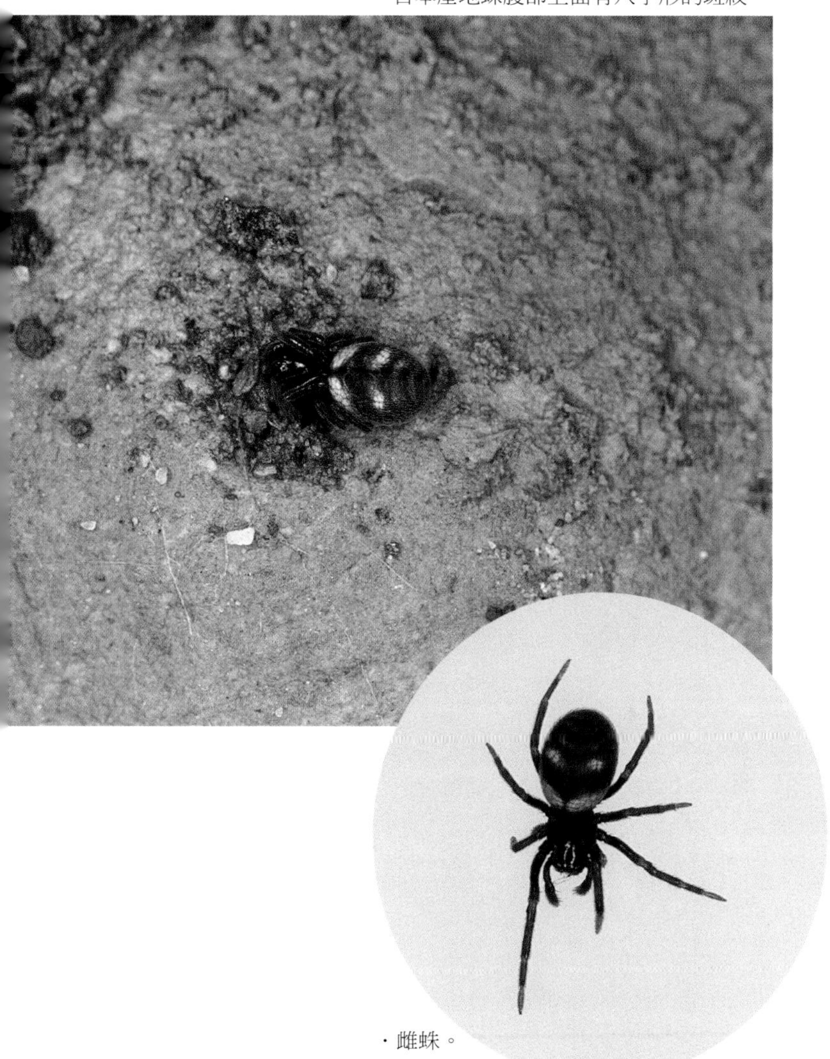

・雌蛛。

小檔案

科 名	崖地蛛科Titanoecidae 崖地蛛屬
體 長	雄性約5mm，雌性約5-6mm
網 形	不結網
棲 地	臺灣各地野外石頭下、泥土下和落葉下

樹幹上蜘蛛

亞洲長疣蛛

Hersilia asiatica

別名：亞洲長紡器蛛

亞洲長疣蛛有又細又長的步腳，步腳上面還有黑褐色環帶，最特別的是除了第三對步腳有一節跗節之外，其他的步腳都有兩節，這個特徵跟其他科的蜘蛛都不一樣。在牠們的腹部上面可以清楚的看見複雜的黑褐色斑紋，後絲疣特別的長，露出體外的部分幾乎跟身體一樣長。雖然雄蛛的體形比較小，但是第一和第二對步腳卻比雌蛛長。亞洲長疣蛛喜歡住在陰溼的岩壁或樹幹上，動作非常敏捷。

·亞洲長疣蛛捕捉到昆蟲後，一邊繞著獵物旋轉、一邊將獵物包裹起來。（雌蛛）

・亞洲長疣蛛身體的顏色和樹幹很像，具有保護色作用。

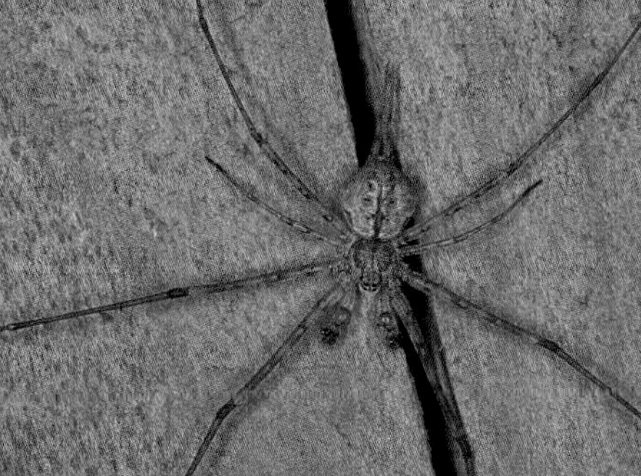

・雄蛛。

小檔案

科 名	長疣蛛科Hersiliidae 長疣蛛屬
體 長	雄性約7mm，雌性約10mm
網 形	不結網
棲 地	臺灣各地樹幹及岩壁上

裂腹蛛

Herennia ornatissima

裂腹蛛居住在樹幹上，會結像梯子一樣的網，牠們的背甲平坦帶點兒黑色，邊緣是黃色，中央有 V 字形的黃斑，上面還有白毛。黃色的步腳細細長長的，各節的尖端顏色比較暗。腹部是灰黃色，有一點兒像五角形，後端兩側稍微裂開，上面有黑色斑紋，下面則有大塊的中央黑色斑。

・雌蛛腹部呈鮮紅色。

・裂腹蛛在較大的樹幹上產卵，且伏在卵囊上護卵。

· 裂腹蛛腹部造形很特別，容易辨認。

小檔案

科名	長腳蛛科Tetragnathidae 裂腹鬼蛛屬
體長	雄性約5-6mm，雌性約12-15mm
網形	梯形網
棲地	臺灣山地較大的樹幹或石壁

再談蜘蛛絲的功能

依蜘蛛的生活方式，我們大概可以將蜘蛛分成兩種，一種是結網性蜘蛛，也就是會在家裡的牆角、樹林或草原，結蜘蛛網當作活動範圍的蜘蛛；另一種是徘徊性蜘蛛，牠們並不結蜘蛛網，而是直接捕捉昆蟲。不管是哪一種類的蜘蛛，都跟蜘蛛絲分不開關係，因為種類、生活習慣的不同，吐出的絲也不同，絲的種類和用途當然也就不同了。

蛛絲的用途可以分為八種

1. 曳絲

當蜘蛛在行走時，牠的後面會牽著一條絲，這就是曳絲。當蜘蛛從高處往下降時，這條絲又叫垂絲。

2. 捕帶

蜘蛛在捕獵物時，用來纏住昆蟲的絲，稱為捕帶或纏絲。

3. 附著盤

在曳絲或垂絲的起點，用很多絲結成固定盤。

4. 精網

成熟的雄蛛會結一個好小好小的小網，從生殖孔將精液滴到網上，然後移到觸肢上，這種網稱為精網。

5. 網

就是一般蜘蛛結的捕蟲網。

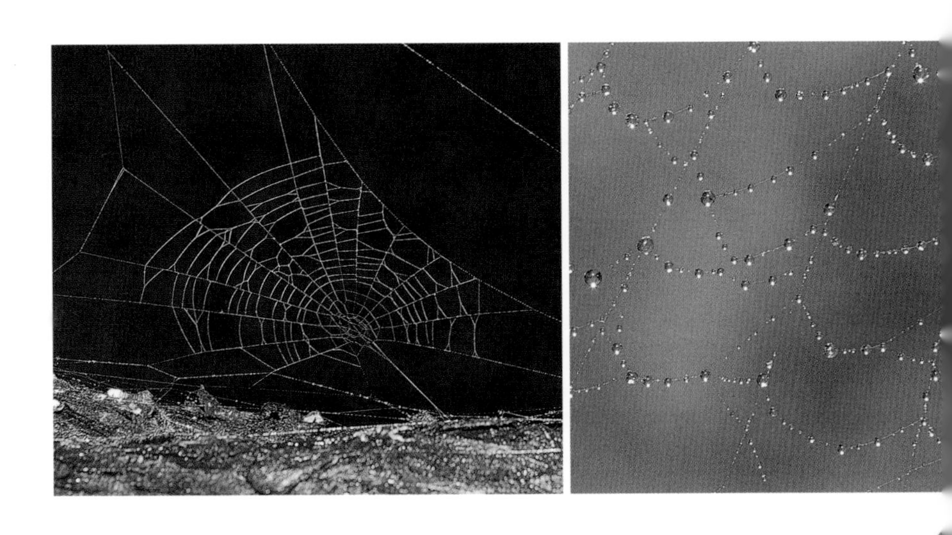

6. 巢

蜘蛛住的地方，有時也當作產房、蛻皮室或過冬室。

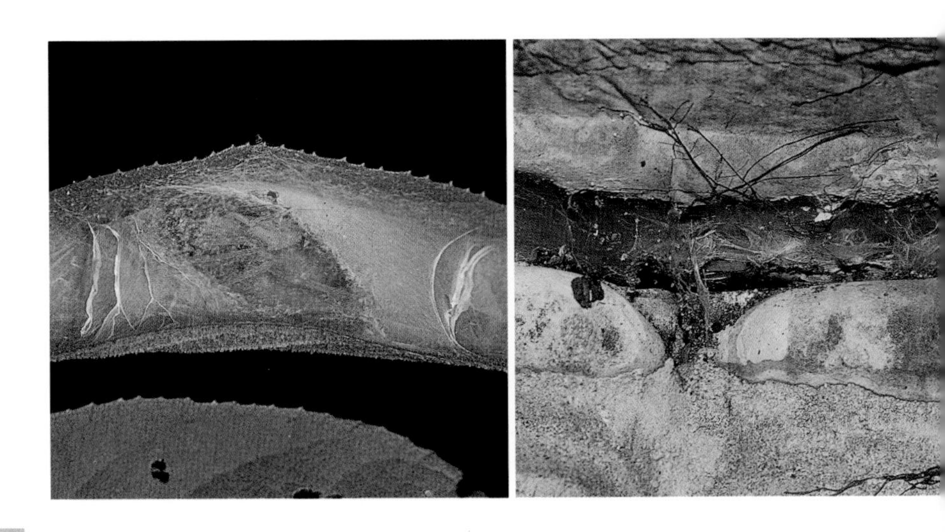

7.卵囊

裡面藏了很多蛛卵，有保護蛛卵的功能。

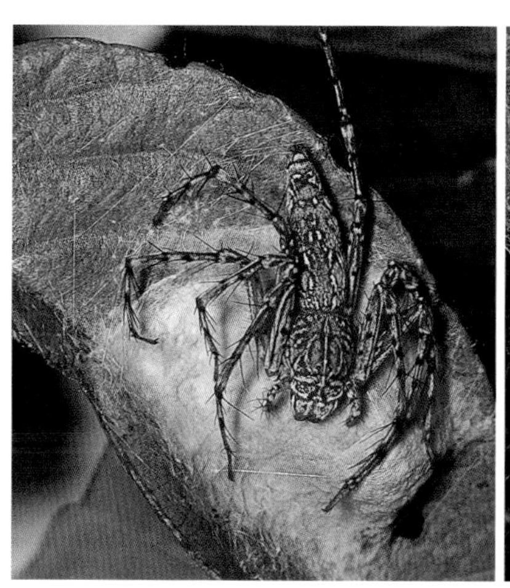

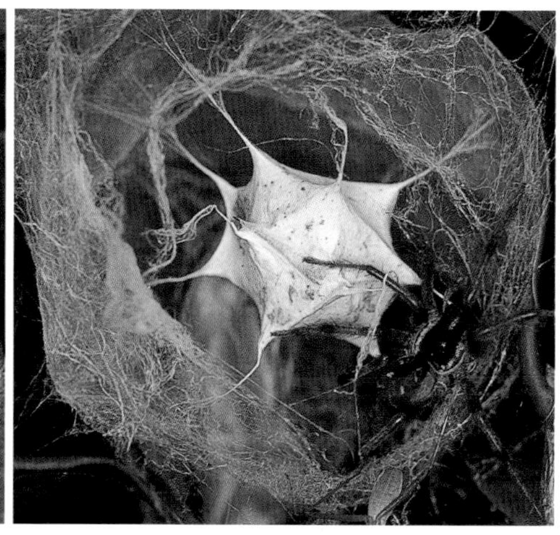

8.遊絲

一般剛孵化的幼蛛會爬到植物的頂端，將腹端高舉，從絲疣中吐出絲來，在空中飄盪，當遇到氣流時，懸浮而上，蜘蛛也跟著隨風而去，這是蜘蛛的一種移動方式。

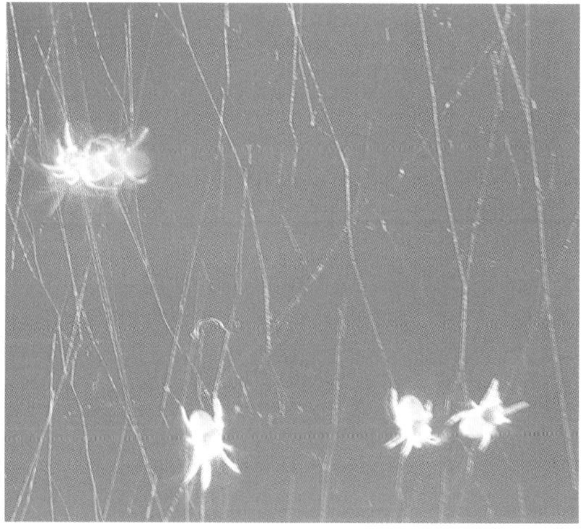

蜘蛛網的分類

1. 圓網

蜘蛛網是由中央向四周放射的縱絲和呈漩渦狀的橫絲構成的，大部分的橫絲都附有黏球或黏液。圓網又可以分成下面幾種：

完全圓網

橫絲大部分從周緣往內引入，呈漩渦狀。

完全圓網又分成五種：

正常圓網

是由沒有黏性的輻絲、有黏球的橫絲和中心部構成的。

空心圓網

中心部是一個空洞，其他各部與正常圓網相同。

白帶圓網

網是正常的圓網，但是中心部很特別，有由白絲結成的 X 形，旋渦狀或放射狀的圖案。

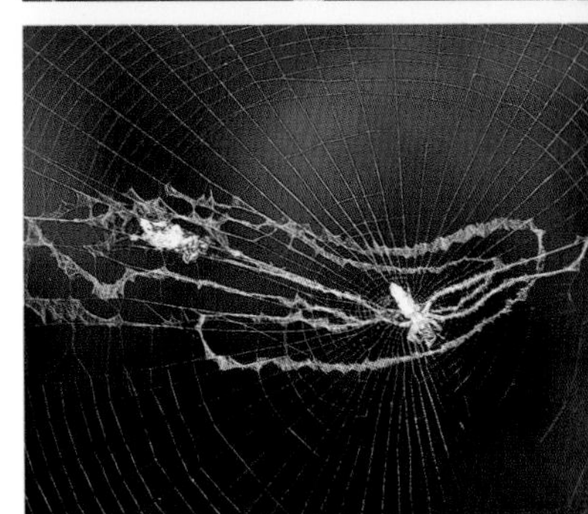

偽裝圓網

在網上附著食物的殘渣、塵埃和卵囊等，蜘蛛隱藏在網中，以免被敵人發現。

訊號網

從圓網的中央到蜘蛛隱藏的地方，有一條訊號絲，當網上有昆蟲被捕獲時，訊號絲就會振動，蜘蛛就立刻出來捕捉覓食。

不完全圓網

沒有橫絲，或幾乎沒有橫絲。

斷網

在圓網上有兩個縱格沒橫絲，在這兩個縱格中央的橫絲，具有訊號絲的功能。

蹄形圓網

網的中心部位置偏上，橫絲來來回回，卻不結成旋渦狀。圓網的前後還有複雜的蛛絲圍繞著，構成三重網。因為縱絲在中途還有分歧，越到網的邊緣，橫絲越長，在加上這種網還留有腳踏絲，在腳踏絲之間還有數根橫絲，讓整個網形像個五線譜一樣。

傘狀圓網

和蹄形圓網很像，收網時，邊緣的網絲像傘一樣。

變形圓網

變形圓網的基本形是圓網，可分為兩種：

水平方格網

由正方形的小格構成的水平網，在水平網的上下有支持絲，橫絲沒有黏球，全部都是由腳踏絲構成的，所以有很多縱絲的分歧。

圓頂網

乍看之下很像皿網，但事實上網眼的構造跟方格網一模一樣，而橫絲沒有黏球，縱絲的分歧也比較多。

2. 皿網

網形像皿一樣，有的皿口向上，有的皿口向下，網絲的配置沒有一定的規則。

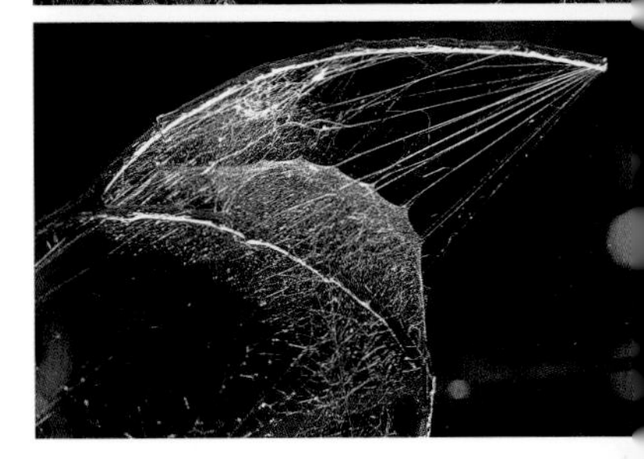

3. 漏斗網

網結在草木之間或牆角，主要部分像天棚一樣，但是在另一端一定有一個漏斗形藏身的地方。

4. 條網

只有用幾條絲結在空中，尚未發達呈網狀。

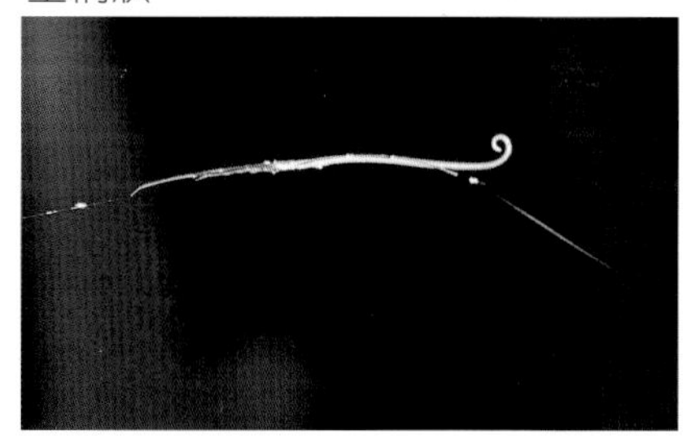

5. 帳幕網

蜘蛛將網結在闊葉樹的樹葉表面，樣子像帳幕形，躲在下面。

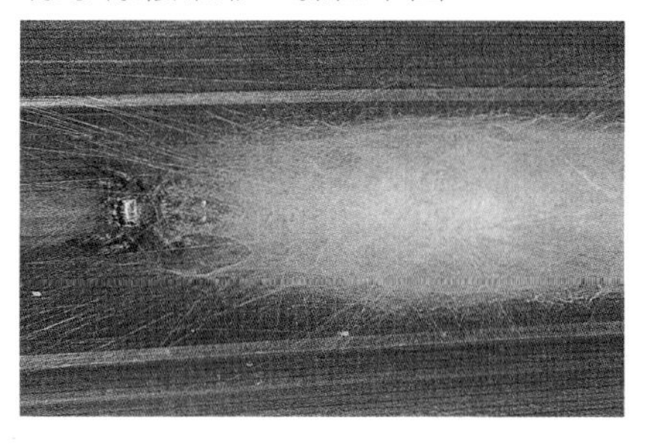

6. 不規則網

蜘蛛網絲向四方引出，呈立體而不規則的籠子狀。

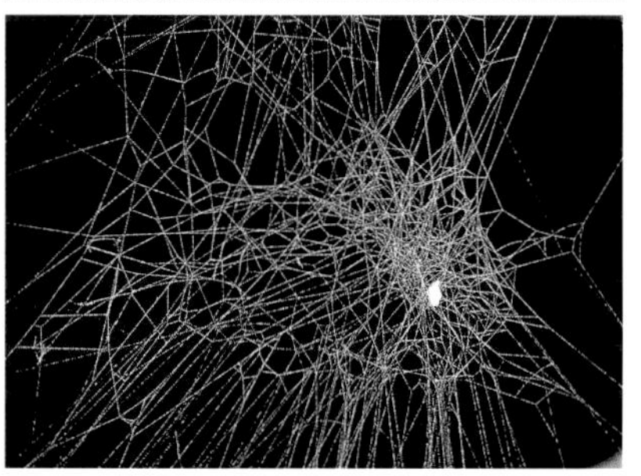

7. 吊鐘網

蜘蛛將網結在崖壁上，先從崖壁上往下拉一條蛛絲，再將蛛絲拉成三條形成一個立體鐘的樣子，最後將沙粒搬到網絲上，當作居住巢。

蜘蛛駐網的方式

1. 平行橫位

蜘蛛的側面與地面平行。這種姿勢因為網的傾斜度不同，又可分為斜上位和斜下位，斜上位頭向上，斜下位頭向下。

2. 平行背位

蜘蛛駐網的姿勢與地面平行，背面向下。

3. 平行腹位

蜘蛛駐網的姿勢與地面平行，腹面向下。（通常出現在蜘蛛捕食時）

4. 垂直上位

蜘蛛的身體與地面垂直，而頭部向上。（通常出現在蜘蛛捕食時）

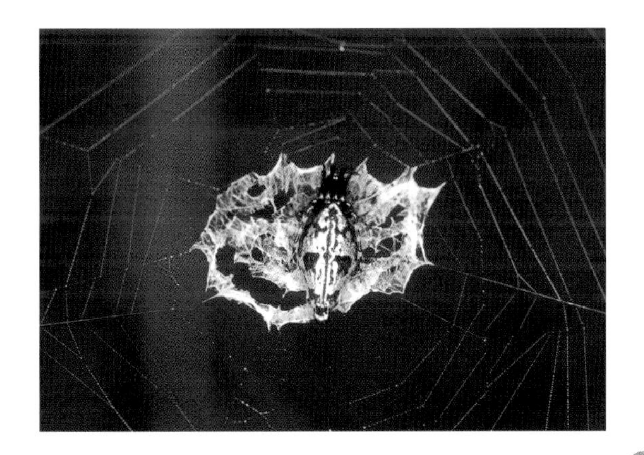

5. 垂直下位

蜘蛛的身體與地面垂直，而頭部向下。

如何觀察蜘蛛

每一種蜘蛛的生活方式都不一樣，居住的地方也不同，因此了解蜘蛛的習性，可是有助於蜘蛛的觀察與採集。

採集的配備

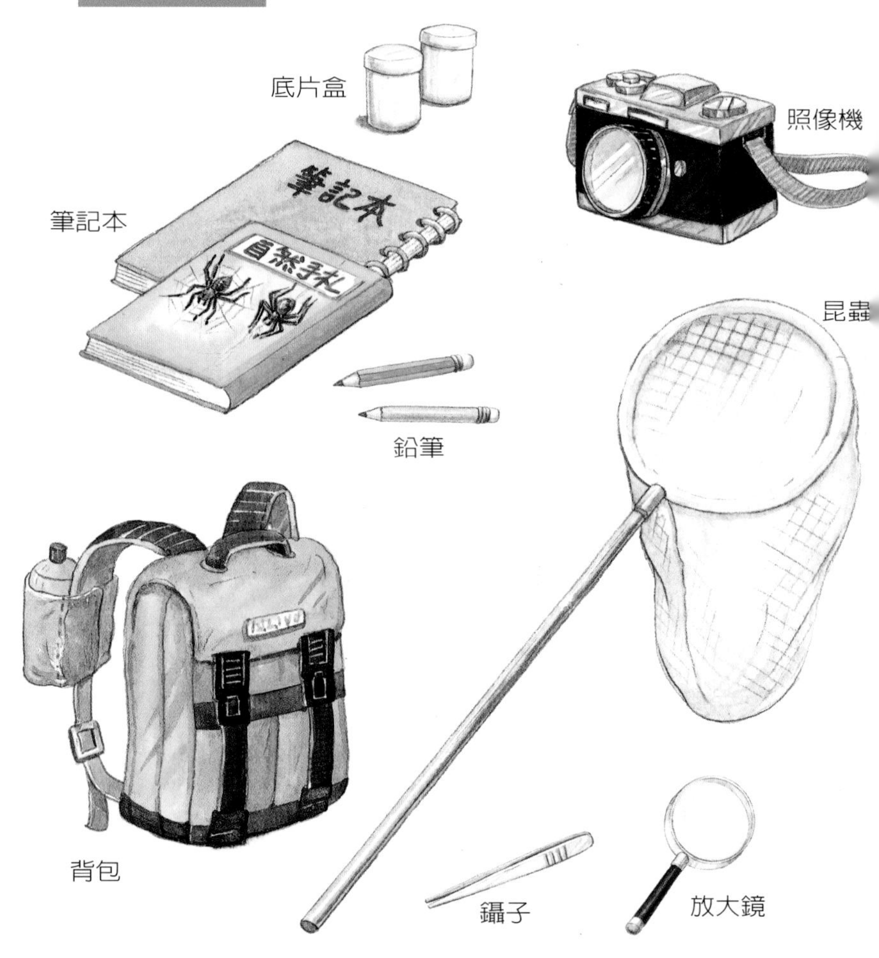

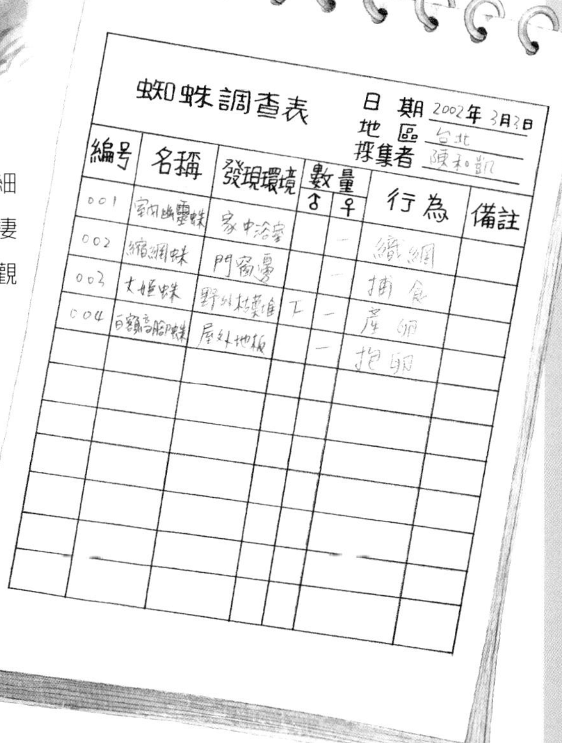

蜘蛛調查表

日期 2002年3月3日
地區 台北
採集者 陳和凱

編号	名稱	發現環境	數量 ♂	數量 ♀	行為	備註
001	室內幽靈蛛	家中浴室		一	織網	
002	縮網蛛	門窗邊		一	捕食	
003	大姬蛛	野外枯葉堆	丅	一	產卵	
004	白額高腳蛛	屋外地板		一	抱卵	

如果你發現了蜘蛛，可以先仔細的觀察，然後記錄蜘蛛的形態、棲息環境和行為。如果是在野外，觀察後還想帶回家飼養，只要將蜘蛛趕進底片盒中就可以了。在底片盒外最好能註明編號（要跟筆記本上紀錄的一樣），日期、地點等資料。因為蜘蛛最怕乾燥的環境，所以要在底片盒内放一些樹葉，可以增加溼度。為了避免蜘蛛的自相殘殺，每一個底片盒，只裝一隻蜘蛛。

※有很多在白天躲了起來的蜘蛛，在夜晚的時候會出來活動，所以在晚上也可以發現蜘蛛。

《蜘蛛調查表》

可以將下面的表格影印後，貼在筆記本上使用。

軟片盒上標籤

編　號	
名　稱	
地　區	
發現環境	
日　期	
備　註	

蜘蛛調查表

日　期＿＿年＿＿月＿＿日

地　區＿＿＿＿＿＿＿＿

採集者＿＿＿＿＿＿＿＿

編號	名稱	發現環境	數量		行為	備註
			♂	♀		

《參考文獻》

臺灣之蜘蛛(1964)…………………	李長林	大江印刷廠
臺灣產蜘蛛之校定表(1974)……	朱耀沂 大熊千代子	臺灣省立博物館科學年刊
臺灣產蜘蛛之校定表(1975)……	朱耀沂 大熊千代子	臺灣省立博物館科學年刊
臺灣地區蜘蛛名錄(1996)………	陳世煌	臺灣省立博物館科學年刊
臺灣常見蜘蛛圖鑑(2001)………	陳世煌	行政院農業委員會
浙江動物志(1989)……………… 蜘蛛類	陳樟福 張貞華	浙江科學技術出版社
中國動物志(1997)……………… 蛛形綱　蜘蛛目　圓蛛科	尹長民等	科學出版社
中國動物志(1997)……………… 蛛形綱、蜘蛛目、 蟹蛛科、逍遙蛛科	宋大祥 朱明生	科學出版社
中國動物志(1998)……………… 蛛形綱、蜘蛛目、球蛛科	朱明生	科學出版社
學研之圖鑑--蜘蛛(1976)………	松本誠治 新海榮一 小野展嗣	學習研究社
蜘蛛(1984)………………………	新海榮一 高野伸二	日本東海大學出版會
原色日本蜘蛛類圖鑑(1986)……	八木沼健夫	保育社

自然觀察圖鑑1 蜘蛛

資料．生態攝影／李文貴　撰文／傅燕鈴　審訂／卓逸民

總 編 輯／孫婉玲
副總編輯／黃淑華
執行主編／陳美玲
美術設計／林嘉玲
繪　　圖／吳嘉鴻
文字編輯／王元容．劉舒妤
美術編輯／鄭寶珠．胡瑞娟
生產管理／陳祈昌

發 行 人／陳德勝
發 行 所／親親文化事業有限公司
局版臺業字第3126號
臺北市和東路一段274-1號
郵　　撥／05087360
電　　話／(02)2363-3486
傳　　真／(02)2363-6081
製　　版／長城製版股份有限公司
印　　刷／皇甫彩藝印刷有限公司
裝　　訂／大興圖書印刷有限公司
網　　址／www.kissnature.com.tw

2002年5月出版

定價：750元（附VCD一片）

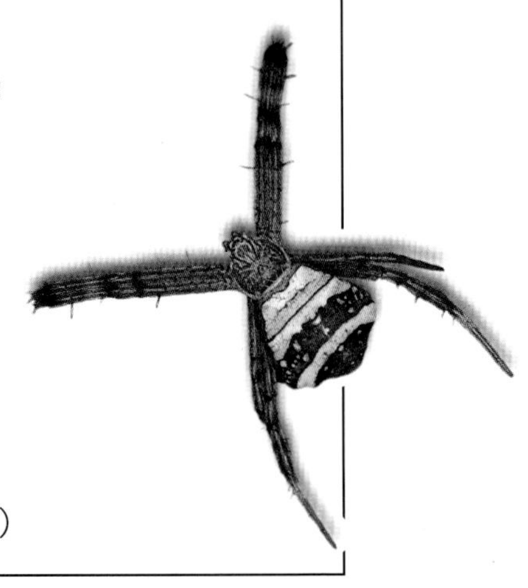